地方志災異資料叢刊

第二編

27

于春媚 賈貴榮 編

國家圖書館出版社

第二十七册目録

江西省

（清）許應鑅、王之藩修　（清）曾作舟、杜防纂

【同治】南昌府志

清同治十二年（1873）刻本

南昌府志卷六十五

雜類志

祥異（一産三男 眉壽 五世同堂附）

漢

哀帝建平中豫章有男子化爲女子嫁爲人婦生一子長安陳鳳言此陽變爲陰將亡繼嗣自相生之象一曰嫁爲人婦生一子者將復一世乃絶（漢書五行志）

按南昌爲歷代州郡府治凡史籍之稱豫章者多指南昌而言不知隋以前豫章地廣非僅南昌一府也然府縣舊志相沿已久姑仍之以明地之有所統而已

明帝永平十三年白鹿見南昌（省志）

永平末豫章遭蝗穀不收民饑死縣數千百人（後漢五行志注）

章帝元和二年白烏見南昌時李儀爲太守省志

三年海昏縣出明月珠大如雞子圓四寸八分古今注

安帝永初六年夏六月壬辰豫章員谿原山崩各六十三所後漢五行志

元初六年南昌芝草生通鑑綱目

順帝永和間豫章太守孔笠臨郡三月白雀出南昌藝文類聚

甘露降豫章郡門時陳蕃爲太守舊志

吳

黃武七年豫章黃龍見省志

會稽王五鳳二年赤雀見豫章舊志

景帝永安六年赤雀見豫章文獻通考

晉

武帝太康元年豫章生嘉禾龍見於建昌七里汀立祠祀之後禱雨輒應省志

舊志跋云前志削龍見於建昌以下十七字意殆以建昌爲今建昌府不知晉豫章郡建昌卽今奉新縣建昌府之名則自宋太平興國四年立建昌軍始也

三年白雀見豫章玉海

五年嘉禾生豫章南昌宋書符瑞志

七年七月庚午白雀見豫章宋書符瑞志木連理生豫章太守蘭隷以聞是年豐城得寶劍劍曰龍泉曰太阿初有紫氣見斗牛間雷煥以爲寶劍之精因掘獄中石函得之省志

舊志跋云晉書張華傳以斗牛之間有紫氣問豫章人雷煥煥以爲寶劍之精在豐城華曰吾少時有相者言

吾年出六十位登三事當得寶劍佩之斯言豈效與卽補煥爲豐城令煥掘獄得劍二是時華年當已逾六十故有斯言當效之語華卒於永康元年年六十九上距太康七年十有五載華始五十四歲與年出六十之語不合通志謂得劍於太康七年豈別有所據耶

惠帝永興元年彩雲覆豫章甘露降麒麟見是年石陽地震水湧山崩省志

二年蝗大饑省志

懷帝永嘉六年七月豫章郡有樟樹久枯是月忽更榮茂與漢昌邑枯社復生同占是懷愍淪陷之徵元帝中興之應也晉書五行志

永嘉末豫章有大蛇長十餘丈斷道過者蛇輒吸之吞噬

百人吳猛與弟子殺蛇猛曰此是蜀精蛇死而蜀賊當平

旣而杜弢滅 豫章書

元帝大興元年正月戊子麒麟見豫章二月廬陵豫章西陽地震山崩十二月廬陵豫章武昌西陵地震水湧出山崩干寶以爲王敦陵上之應也 晉書五行志

二年夏五月蝗 豫章書

三年正月白鹿二見豫章 宋書符瑞志

按孫氏瑞應圖白鹿作白虎

成帝咸和二年春二月南昌有騶虞見 省志 四月己未豫章地震是年蘇峻作亂 晉書五行志

咸康五年豫章南昌民掘地得銅鍾四枚太守褚裒以獻 宋書符瑞志

穆帝昇平四年春二月辛亥鳳凰將九雛見於豐城舊志縣志跋云宋書符瑞志載昇平四年二月辛亥鳳凰將九子見鄷鄉之豐城考穆帝昇平五年分蒼梧立永平郡有鄷鄉縣宋元嘉時立豐城縣豐城本吳縣屬蒼梧郡宋永和初併入安沂元嘉復立故曰鄷鄉之豐城合晉宋邑名言之最爲明晰通考但曰豐城遂轉相抄襲訛爲晉豫章郡之豐城云云所辨殊誤考晉書穆帝紀昇平四年二月鳳凰將九雛見於豐城十一月鳳凰復見於豐城羣鳥隨之通考所記本之晉書確鑿可據又晉書地理志豫章郡有豐城蒼梧郡無豐城即分立永平郡之鄷鄉亦俱未載太平寰宇記同則通考但曰豐城並非脫誤且符瑞志載鳳凰見在昇平四年州郡志

載郎鄉立在昇平五年是鳳凰見尚在郎鄉未立之先即宋書前後考之自相違舛安得據以疑通考之有誤耶

簡文帝咸安二年三月白虎見豫章南昌縣西鄉石馬山前宋書符瑞志　三月騶虞見舊志

孝武帝太元十四年十一月辛亥白虎見豫章郡宋書符瑞志

豫章桐木連理太守范甯表聞舊志

表曰永脩公國相萬主解列到縣巡行邑治縣西北二里有林中兩桐樹下根相去一丈上枝相去丈八連合成一

舊志䟦云范甯表見藝文類聚未載年月舊志作太元六年范甯出守豫章在太元十四年冬十一月則作六年者誤省志作十四年較得其實但以此事列於辛亥白虎見之前亦誤蓋辛亥即月朔甯尚未至郡也

十六年太守范甯獻白鹿一頭 晉書起居注

安帝義熙七年五月白雉見豫章南昌 宋書符瑞志

義熙中豫章郡吏易拔還家不返郡遣使追拔語言如常亦爲設食使者迫令束裝拔因語曰汝看我面乃見眼目角張身有黃斑色便竪一足徑出門去家先依山爲居一至麓卽變成三足虎竪一足卽成其尾 異苑

宋

文帝元嘉五年秋夕豫章胡充家有大蜈蚣長二尺落充婦與妹前令婢挾擲纔出戶忽覩一姥衣服臭敗兩目無睛 異苑

二十一年白雀見南昌 豫章書

二十二年豫章豫甯縣出銅鍾江州刺史廣陵王紹以獻

宋書符瑞志

二十六年夏四月甘露二降豫章舊志

二十七年四月乙卯丙辰丁巳甘露頻降豫章南昌戊午午時天氣清明有彩霧映覆郡邑甘露又自雲降太守劉思考以聞宋書符瑞志

孝武帝大明元年十月丁丑朔木連理生豫章南昌宋書符瑞志

明帝泰始二年嘉蓮一雙駢花並實合樹同莖生豫章醴湖玉海

五年五月壬戌豫章南昌獲古銅鼎省志云鼎上有篆文容斛七斗江州刺史王景文以獻宋書符瑞志

六年十二月壬辰木連理生豫章南昌太守劉愔之以聞

宋書符瑞志

齊

武帝永明五年三月豫章縣長岡山獲神鍾一枚齊書祥瑞志

東昏侯永元三年正月豫章郡天火燒三千餘家京房易占曰天火下燒民屋是謂亂治殺兵作是年臺軍與義師偏衆相攻於南江諸郡齊書五行志

梁

武帝天監六年夏六月新吳縣獲四目龜一豫章書

天監中龍鬬豫章子城蛟井中通志

唐

高祖武德六年慶雲見洪州省志

許敬宗表賀云臣某等臣聞靈心不測叶至道以升闡上帝無聲候休明而降祉伺夫影響在感斯通相彼天心實

交其際伏惟皇帝陛下垂光御極體睿凝圖始自夏勤甯羣飛於海外賜之仁壽拯塗地於寰中總絕代之英聲實興爲之美政三秦咸泰六府斯歌首冠往初功無取譬德渾共二儀潛運清明與七曜齊光是以邇無不安遠無不庿雕題鏤齒之類款郊甸以相趨氈裘板屋之朋入提封而請吏上騰下漏地平天成嘉氣內充卿雲以之舒彩盛德外發非煙由其散色竊見守洪州長史張惟善等稱六月二十六日于城內見慶雲自旦及中然後方散謹按瑞應圖曰慶雲者太平之應孝經援神契曰德至山陵則慶雲出晉灼曰天子孝則慶雲見金枝玉葉若臨軒帝之營蕭索氤氳復入唐臣之詠自非工侔造化道格上元光含六御恩流四海安能致茲神感式彰靈貺元黃間起朱紫相輝千載合符如斯之盛也雖復騈枝合穎匹此爲輕絳雪元霜會何足喻凡諸率土預在含形咏浴皇風用深鳧藻況以臣等謬忝衣簪旦夕巖廊親聞錫瑞相呼抃躍實百常情不勝悅豫之至

太宗貞觀十五年洪州獻元珪　玉海

二十二年洪州慶雲見　册府元龜

貞觀間洪州馬孝恭入南山化爲虎至二十三年復爲人而終　省志

高宗麟德二年新吳望蔡得白麞各一有司以獻是年詔
置寺觀以銀麞爲名舊志

武則天后時洪州進大象牙剖之牙中有二龍形相攫而
立舊志

元宗開元五年洪潭二州災火延燒郡舍郡人先見火精
赤暾飛來旋即火發舊唐書五行志

十八年洪州得白鹿刺史張九齡表獻舊志

代宗大歷間豫章有仙鶴巢於大果寺樹省志

德宗貞元元年嘉禾生洪州或五莖四穗或兩莖三穗或
一莖二穗省志

十年洪州溪澗魚頭皆戴蚯蚓豫章書

順宗永貞二年七月洪州火燔民舍萬七千家舊志

舊志跋云新唐書五行志及文獻通考並載此於德宗貞元十九年後憲宗元和七年前而於二年上不著年號省志舊志直以爲順宗永貞二年不知順宗於貞元二十一年卽位後遂傳位憲宗改元永貞踰年正月丙寅朔憲宗率羣臣上尊號尚稱永貞二年見韓文公順宗實錄丙寅朔實錄作丙戌朔以前後甲子推之皆不合實錄誤也丁卯卽改元元和矣秋七月安得尚稱永貞哉

憲宗元和二年秋洪州大旱省志

三年洪州旱豫章書

四年秋洪州旱豫章書

十五年秋洪州水新唐書五行志

穆宗長慶三年秋洪州螟蝗害稼八萬頃舊唐書五行志

敬宗寶歷元年秋旱豫章書

文宗太和四年大水鼠害稼豫章書

八年秋水害禾豫章書

僖宗中和間隕星於牙門將孔知讓第時南平王鍾傳鎮洪州舊志

按此事載徐鉉稽神錄未及年分考唐書鍾傳鎮洪州在僖宗中和二年舊志編入憲宗元和十五年誤今改正

昭宗天復中豫章人治舍掘地得一木櫃發之得金人十二頭各長數寸皆古衣冠首戴十二辰屬款式精麗殆非人爲其家寶祠之因以致福稽神錄

楊吳

高祖稱唐天祐七年庚午夏洪州霣石於越王山下昭仙觀前有聲如雷九彩五色闊十丈節度使劉威設齋祈謝七日石漸小止寸八分 省志

按昭宗天祐四年已禪位於梁劉威天復年間未嘗爲節度使考吳楊渥天祐四年以廬州觀察使劉威爲鎮南軍節度使楊隆演天祐六年劉威鎮洪州則七年石霣洪州正威爲節度使時也昭仙觀稽神錄作眞常觀

睿帝順義四年洪州民生男豕首鶴足 省志

南唐

元宗建隆二年六月己未夕有大星霣於南都庚申羣鶴翔空雙龍據殿屋主遂殂 十國春秋

南都有米廩經年封識如故而米忽失大半有司莫原其

故占者云此必石牛取啖當在武昌縣東南境尋遣人搜訪果於港中見一石牛因鑿其頤自是米不復耗興國軍圖經

南昌新義里地陷長數十步廣者數丈狹者七八尺稽神錄

右二事年月無考附錄於此

宋

太宗淳化元年六月洪州江水漲壞州城三十堵民廬舍二千餘區漂二千餘戶宋史五行志

眞宗咸平元年夏六月大雨壞洪州城漂沒二千餘人省志

大中祥符四年七月洪州江漲害民田壞州城宋史五行志

仁宗景祐元年八月庚午洪州分甯縣山水暴發漂溺居民二百餘家死者三百七十餘口宋史五行志

慶歷五年秋八月洪州章江禪院堂柱芝草生高一尺三

寸葉二十一層色白黃有紫暈旁生小芝葉九層上有氣如煙宋史五行志

英宗治平元年洪州水宋史五行志

神宗元豐元年芝草生南昌射圃豫章書

二年洪州六縣稻已穫復生皆實文獻通考

六年洪州七縣稻已穫再生皆實宋史五行志

徽宗大觀二年豐城得古鍾大小九具有篆文詔令進上省志

政和六年洪州木連理宋史五行志

高宗建炎四年分甯縣治火舊志

紹興四年七月隆興水圮民廬文獻通考

二十七年洪州大水宋史五行志

孝宗隆興元年白鹿見南昌　豫章書

乾道三年江西諸郡水隆興四縣爲甚　宋史五行志

四年夏隆興旱　宋史五行志

五年七月乙亥武甯縣龍鬬於復塘村大雷雨二龍奔逃珠墜大如車輪牧童得之自是連歲有水災　宋史五行志

七年洪州旱自春及秋首種不入冬不雨人食草實流徙淮甸詔出內帑收育棄孩　宋史五行志

八年五月隆興大雨漂民廬壞城郭潰田害稼江西饑民大疫隆興府民疫遭水患多死　江西亡麥隆興府薦饑南昌新建縣饑民仰給者二萬八千餘人　宋史五行志

九年五月戊午隆興府水漂民居壞圩浬田　省志

隆興府鼠千萬爲羣害稼　宋史五行志

淳熙五年豐城大水洪觀巷堤豐城縣志

七年隆興大旱宋史五行志

九年洪州旱宋史五行志甘露降於豐城縣曲江之海慧寺舊志

十四年夏隆興旱給度僧牒鬻以糴米備賑豫章書

十五年六月隆興府水圮民廬宋史五行志

光宗紹熙四年五月壬申癸酉奉新縣大雷雨水漂浸八百二十餘家戊寅進賢縣水圮百二十餘家六月戊戌靖安縣水漂三百二十餘家七月乙酉豐城縣水八月辛丑隆興府水圮千二百七十餘家宋史五行志

甯宗慶元二年七月進賢縣婦產子首有角腋有肉翅面具三目有尾宋史五行志

嘉泰四年春撫袁州隆興府臨江軍大饑殍死者不可勝

瘞有舉家二十七人同赴水死者宋史五行志

嘉定八年南昌春旱首種不入至八月乃雨豫章書

理宗端平元年夏六月朔大風雷屋瓦皆飛鳥獸驚駭豐城縣晝晦大風雨雹自西北來吹瀕江廬舍於水人多壓死縣治亭堂寺觀輪藏飄揚飛去帥守陳韡自劾於朝省志

景定元年分甯縣治火是年二月元兵過分甯舊志

元

世祖至元二十六年十二月甯州民張安世進嘉禾二一本元史五行志

二十七年秋七月龍興路水溢城幾没豫章書

二十九年五月龍興路南昌新建進賢三縣水元史五行志

成宗大德元年五月龍興水舊志

六年秋七月龍興民訛言括童男女至有殺其子者命捕爲首三人誅之始息通鑑綱目

七年五月龍興路饑元史五行志

舊志跋云前志作蝗饑又云元貞七年龍興路饑考元貞無七年疑卽大德之誤

八年龍興水舊志

九年龍興水元史五行志

十年龍興路蝗元史五行志

大德間得銅鐘於進賢之上破山省志

仁宗皇慶元年龍興路新建雨害稼元史五行志

延祐元年秋八月龍興路水省志

泰定帝泰定二年龍興路饑舊志

三年六月龍興路甯州高市火燔五百餘家七月龍興奉新火元史五行志

四年八月龍興路火元史五行志

順帝至元元年龍興路饑元史五行志

三年南昌新建饑豫章書

至正四年正月龍興靖安縣雨大冰元史五行志

五年龍興路饑舊志十二月城西災虞道園集

六年八月龍興進賢縣甘露降元史五行志

八年四月龍興奉新縣大雨雹傷禾折木元史五行志

九年二月龍興大雨雹　靖安山石迸裂湧水人多死者元史五行志

十年五月龍興大水甲子甯州大雨山崩數十處元史五行志

十一年夏龍興南昌新建二縣大水元史五行志進賢生瑞竹豫章書

十二年夏龍興大疫元史五行志

十三年龍興大旱元史五行志

十四年龍興大饑人相食冬雨木冰元史五行志

明

太祖洪武元年甯州大風雨出蛟山水暴溢民多溺死詔遣使賑恤省志

十七年進賢生芝十本進賢縣志

成祖永樂十年武甯大水漂沒民居令戶部撫卹豫章書

十一年豐城饑豫章書

十三年夏四月南昌府屬大雨江水泛漲壞廬舍沒禾稼

命戶部遣人撫䘏舊志

十四年夏南昌諸府連月淫雨江漲壞民廬舍明史五行志

仁宗洪熙元年夏四五月南昌府屬久雨水潦傷稼命行在戶部蠲其租舊志

宣宗宣德八年夏六月南昌府屬大雨江水溢漂流民房渰沒田畝從巡撫趙新奏蠲租又以巡按尹鐙奏免工部坐派諸色顏料竹木鑄錢等項俟豐稔徵輸舊志

九年南昌旱民饑省志白雀見進賢白田鋪縣志

十年南昌大饑明史五行志

英宗正統五年春夏南昌府屬淫雨江漲渰沒早禾六月以後亢旱晚禾枯死布政使司以聞命戶部撫䘏舊志

八年進賢野蠶成繭於縣樹雲溪生並頭蓮縣志

十二年進賢堯城山生瑞竹豫章書 南昌府屬水災人民乏食巡撫芮釗奏允賑濟舊志

十四年四月南昌水壞壇廟廨舍明史五行志 進賢芝生縣石柱縣志

景帝景泰七年夏四月南昌府屬淫雨自五月至秋七月旱傷禾稼巡撫韓雍奏豁秋糧從之九月甯府火延燬南昌前衛軍民八百餘家舊志

英宗天順二年南昌府屬久雨大水衝決民居滲損禾稼舊志

四年夏四月南昌府江溢饑免秋糧及南昌衛子粒進賢縣火燒民廬舍幾盡舊志

五年進賢災三日民居殆盡縣志

憲宗成化元年南昌府屬旱減稅糧三分舊志奉新旱減稅米一萬九千八百九十六石七斗六升餘奉新縣志

二年南昌旱豫章書奉新旱減稅米與元年同縣志

三年南昌府屬自夏四月不雨至六月禾盡枯舊志

四年春三月豐城縣大風拔木壞屋次日樹間挂巨鱗長鬣若龍狀布政使陳煒蒞縣賑卹舊志是年大旱免南昌等府衛官民田并山蕩屯田秋糧子粒凡二百八十八萬六千三百餘石豫章書奉新旱賑饑民七千八百五十戶一萬三百九十丁借穀四千八百八十三石縣志

舊志跋云豐城縣志載成化四年大水決堤五十餘丈漂民居十餘家與豫章書四年大旱不合

五年芝生於甯州學宮州志

六年進賢縣治生雞冠花如鳳是年譙樓災縣志

七年春武甯縣雨木冰省志奉新縣大水漂流房屋人畜甚衆縣志

十年夏六月芝生豐城縣儒學玉膚金理輪蓋宛然南昌府屬旱免秋糧舊志進賢水縣志豐城大風拔木縣志

十一年進賢瑞竹一本二榦生貞隱鄉艾氏宅舊志

十二年南昌府屬水免秋糧及南昌衛子粒舊志

十三年四月豐城大雨雹縣志武甯大旱民饑縣志

十四年靖安旱縣志奉新旱減稅糧二萬九千四百四十二石餘縣志

十五年南昌旱豫章書五月靖安大水縣志奉新旱減稅糧四萬五千三百八十六石賑饑民人口四萬七千五百丁散

積穀一萬七千二百九十二石零米三百九十二石銀三千三百四十九兩五錢縣志進賢饑縣志

十六年奉新旱給散穀九千三百五十八石五斗銀一千三百七十七兩七錢賑民二萬七千三十九丁縣志

二十年春三月新建豐城縣大雨雹壞民舍千餘家舊志

二十一年夏五月南昌大水漂沒民廬人畜甚多浸城門五日方退省志豐城水決堤漂民居三十餘家縣志奉新大水市民徐鋑家屋柱上産芝菌稍向北色黃初生時有氣狀如爐煙之裊漸成六層縣志

孝宗宏治元年春正月奉新雨冰五月野牛入於市縣志九月南昌鐵柱宮火豫章書

三年奉新徐鋑家屋柱復生靈芝如成化年間狀縣志

六年夏秋武甯縣大水田衝没千七百餘畝沙壅二千四十餘畝奏允發倉賑濟及蠲免有差冬十二月南昌府大雪樹木結冰舊志 奉新徐鍐家又產靈芝色紅亦漸長六層爛然可愛初生亦如成化年間狀縣志

七年春武甯縣雨木冰南昌府大小蠲秋糧十分之七冬十月五日甘露降豐城縣梅仙壇舊志

八年十二月丁丑南昌大雷電雨雪雹大木折明史五行志 甯州桃李樹生菇州志

九年豐城縣旱改折南京倉米每石四錢舊志

十二年雷震甯州譙樓州志

十三年四月芝生於甯州儒學興賢齋州志

十四年南昌府屬水免稅糧有差舊志

十五年南昌旱豫章書

十六年南昌府屬水免稅糧子粒舊志

十七年夏六月甯州大水州志進賢大水縣志

武宗正德元年武甯縣火城內民居幾盡舊志靖安大旱縣志

甯州旱州志奉新大旱減稅糧八分縣志

三年春甯州大水州志

四年夏五月南昌大雨雹六月南昌大水豫章書甯州大旱州志進賢大雨雹夏六月大水南鄉盜起縣志

五年奉新靖安大饑華林瑪瑙寨盜起舊志夏五月南昌大饑民起爲盜豫章書

六年正月朔進賢地震豫章書五月南昌府見日有紅白暈甲浮青黑氣有頃始散舊志

七年武甯旱民饑縣志

八年省城內外火災布政司治及民居寺觀萬餘家舊志南昌府自夏至冬不雨六月辛酉豐城縣西南隕星如斗火作累日爇官民廬舍二萬餘間死者三十餘人自是火不時作已又隕星如盆至秋七月二日火方息大旱詔賑之仍蠲稅糧十分之九冬雨木冰舊志十月南昌豐城火爇公署及民舍萬餘家豫章書靖安大旱縣志奉新大旱減稅糧九分賑饑民共六千九百十九口縣志進賢自夏至冬不雨秋日晦數刻如夜見星縣志

九年八月朔南昌晝晦星見豫章書

十年布政司治火甯州雨木冰南昌府屬饑從布政使陳恪奏停免稅糧每歲帶徵二分舊志

十一年進賢民饑死者相枕藉布政陳奏停秋徵縣志

十二年春南昌府象牙潭山裂豫章書　甘露降南昌府學宮夏四月豐城縣地震六月南昌府有火自空而隕光焰長丈餘甯州東北方白氣如虹飛墮有聲秋八月丁卯南昌縣火燬民居三百餘家省志

十三年南昌府屬水免夏稅夏六月有星自東南向西北其光燭天有聲明年宸濠反誅舊志　靖安大旱縣志　甯州市火州志

十四年夏南昌大旱自六月不雨至八月豫章書

十五年春正月至三月南昌府屬恒雨夏四月大水撫按王守仁唐龍奏免稅差五月豐城縣有三龍見於楓林橋暴風壞屋舊志

十六年南昌府屬饑撫按鄭岳唐龍奏留糧銀并贓罰逆産賑恤災民補支祿米舊志

世宗嘉靖元年夏五月南昌府屬大水饑免起運米舊志

二年夏六月甯州大雨雹舊志進賢大水浸縣治縣志

四年南昌新建豐城進賢縣饑免秋糧有差舊志

五年夏南昌府屬大旱改折兑米舊志進賢六月大雨雹七月蝗縣志豐城夏大水縣志

按豐城縣志作五年夏大水疑水即旱字之譌

九年七月紫芝産賓陽岡武甯縣志

十一年三月甯州火焚庫六月分司火燬圖籍州志六月南昌府大雨雹秋七月蝗舊志冬十二月南昌雷省志夏四月十三府大水奉新縣志

十二年夏四月南昌府大水省志奉新蝗大至遮蔽天日落田食穀輒盡數十畝院道臨縣設法捕之令貧民捕賣炒死一石者給米一石縣志

十三年閏二月六日南昌進賢五色雲見甯州自春二月不雨至秋八月大饑舊志奉新虎入種德門橋市民殺之縣志

十四年按察司火舊志甯州虎暴於市州志

十五年奉新野牛入南門橋市民殺之縣志

十六年春正月豐城雨木冰夏五月大水決馬湖堤舊志

十八年夏四月南昌府雨木冰六月大水甯州尤甚漂民居壞田爲沙磧甚多舊志

十九年大水蠲免稅糧舊志奉新大饑舉人徐爔上救荒十事都御史王偉遣官舉行賑饑民萬餘減稅糧奉新縣志

徐爍書略曰竊惟臺下一省大父母也一省之民命賴臺下以不忍人之心濟以大有爲之才得專制之位而又有至虛之量以容人之言是以昔分巡本道玆巡撫本省自下車以來民受命獲全得以衣食於太平非臺下之賜而誰賜頃者水旱相仍奉新尤酷適今饑荒甚迫弱者有坐斃之厄强者起爭奪之風以下吏事之見料之勢不至大亂不已先年華林之變大約類此惟其上下相蒙姑息養亂是以餘四年猶未靖可鑒可慮也乃者縣倉既不充雖盡出富民之粟必不贍若非別施權宜之法則民無所於濟非繩强奪者以法則亂不可息臺下以盛德宏才自有經濟妙術固非草野愚士所能測也爍所以不能默者誠見時變之極或恐民隱未即上達若施行稍緩强梁無所讋而亂遂成奄奄餘息之民又不能從容延喘以受賜耳條呈合行事宜以瀆清覽乞垂仁采納幸甚一曰借倉穀本縣所儲之穀不過一千五百餘石一縣仰給所濟幾何夫公廩凡以備荒也本府廣積倉之設雖非專爲奉新要之爲南昌府屬之民也今南昌府屬凶荒者莫奉新若則固當給奉新矣如本倉不可空虛俟秋熟或另補足或仍令縣官追還則上不空公廩下可以濟民饑此爍所以敢借廣積數千之粟以延數萬生靈須臾之命也乞明示借與數目令縣官併本縣所儲穀通融會計以廣積倉穀給下鄉以本縣穀給上鄉則民便而不擾二曰那庫銀本縣庫銀雖未知其數大約不贍本府併布政司庫乃無碍銀兩可以那支者乞行查發下令縣官併本縣庫銀通融會

計卽時分給使民自圖三曰勸富民貧富之勢相須甚殷富民有粟出貸以圖息者情也近年官府不追私債且從而禁阻之遂使貧民不償財主債戶情不相維年荒穀貴富民不肯出貸固其所也不貸則貧民愈困貧民困則穀價騰穀價騰則富民愈貪糶而厭貸貪糶厭貸則貧衆富寡勢必不敵此強奪之風所由起也乞委官儉約者匹馬數僕禁迎送之煩節供給之費親巡十二鄉富民之有穀者以禮諭之舊時鄉例加三今官爲之置簿聽其自相議利亦不得過加三制爲定例秋熟不還以官治之如此則不惟貧者免犯法之誅餓死之難而富者亦可以免負騙之虧強奪之虞矣不然貧民指富民之粟爲外庫恣意取之無忌富民視粟爲祟欲遽散之不可若不速差官監放亂不可已自今計之粟已無幾矣山縣地寒其熟又最遲秋熟以七月冬熟以十月將粟盡而荒荒未極而亂心作不可不慮非借官廩那庫銀挨延十數日外終亦有亂有死而已矣四曰停催徵比年水旱加災賦稅未加損民何以堪之田糧常賦固不可免若遠年上庫各項除侵欺外俟秋熟後民氣稍紓亂心稍息然後進徵庶於國用不損而民命堪甦矣五曰禁界限今鄉民私相飲酒立禁釘牌負戴踰都界者奪乞禁之六曰化強暴千金之重使五尺童子守之於途而人不敢奪者法定故也今王法大彰之時豈敢爲亂荒年強奪米穀特饑餓所迫不得已而爲耳爲今之計莫若先足其食食足而強梗不悛然後繩之以法法亦不可不嚴則民無不化矣七曰改罰役城法城亦

急務但以荒亂較之爲尤急向所罰定修城者乞減十之四俱責以出穀賑濟城侯農畢之日罰富民犯法者築之限其丈尺責其成不計其費斯不勞而事集八曰釋禁囚年荒穀貴監囚得食亦難矣除人命賊情重犯外乞權釋之九曰追逺糧凡本縣之穀在貧在富若聚若散或貸或糶或奪無非爲民食者必不容有藏畜之理但公私貧富在在告匱不能不仰給於外今下路一帶麥已秋矣或那庫銀移文有麥所在官司買之或張榜文利誘販賣者庶可觧此十曰與水利本縣田多資陂堰灌溉之利近年水路不無堙塞者此雖不切今日之事設無早備又將有凶年似亦不可視爲未務右所陳事宜夫豈狂生過計亦豈有爲而爲凡蠕動含靈之物無罪就死地有仁心者所不忍也千百民命坐視其餓其亂其死而莫爲之所誰則忍之顧知其狀者每病於無力而有力者又勢位高亢恒患於不知方今上承君託下係民命坐省以總方伯連帥郡縣之職得專制而可以盡行所志者惟臺下高明威愛負聖賢豪傑之望者惟臺下有愛民之心有經濟之略者惟臺下其肯置一民命於度外而不急急焉加之意乎燦敢引領翹足以俟施行若片言虛誑甘自辟首以謝欺詐之罪

二十年甘露降於豐城之密嶺省志

二十二年春正月朔南昌府五色雲見豐城縣同舊志二月

雨雹如栗杏大靖安縣志

二十三年南昌旱大饑省志

二十四年大饑蠲免稅糧豐城縣黃源出土曰仙米饑民掘食之多病舊志靖安學宫泮池開蓮花並蔕縣志奉新大饑山村鋤蕨爲食勸富民出米煮粥賑饑民八千餘口減稅銀縣志進賢大饑免秋糧縣志

二十五年奉新生員徐栩家砌石上產靈芝之長五層縣志

二十九年夏四月豐城黃霧三日縣志甯州久雨水入市壞田廬州志

三十一年南昌府屬旱饑減免稅糧舊志秋八月貢院火豫章書甯州安坪港水逆流至黃沙灘者一州志

三十四年芝生於甯州義井巷周家州志

三十五年夏四月南昌府屬大水饑免存留稅糧以九江鈔關船料贛州鹽稅補給宗祿甯州火燬文廟儒學舊志

三十九年春三月雨木冰南昌府屬水饑靖安尤甚免本府存留糧差仍以贛州鹽稅補給宗祿舊志

四十年春正月豐城縣雨木冰三月大雨雪秋八月閩廣蔻至舊志九月邑西桐葉皆生蟲狀如武弁豐城縣志靖安大饑民食椶屑縣志

舊志跋云豐城志雨雪作雨雹大者如雞子小者如桃李

四十一年夏四月至六月南昌府屬大水衝決民田廬免秋糧舊志豐城城圮百二十丈決堤二百三十餘丈縣志

四十二年春二月進賢縣大雨雹舊志

四十三年南昌府屬水免稅糧有差舊志

四十四年南昌府屬饑改折兌米舊志甯州虎入市秋大雨雹稼不成州志

四十五年鐵柱宮有緋衣人乘雲下坐於宮上者數日既而發火宮爲燼明史五行志　武甯饑縣志

穆宗隆慶二年南昌旱民饑巡撫劉光濟奏免秋糧及改折南京倉米舊志

四年甯州安坪港水逆流至黃沙灘者三州志

五年南昌府大雨雹舊志

神宗萬歷三年南昌地震旱省志

五年春三月奉新縣雨黑穀省志甯州城市火州志

六年甯州雨黑穀省志

七年進賢崇禮鄉生嘉禾一莖五穗省志

十年春甯州大雨雹州志

十二年甯州小流土忽有寶色如銀萬眾共取幾亂燒煉不成乃止州志

十四年春進賢鶴仙峯甘露降省志南昌府屬大水獨賑有差奉新縣志

十五年南昌府屬大水饑知府范淶請弛長河魚禁以予災民知縣何選獨貲施藥賑濟舊志

十六年芝生南昌劉曰甯家豫章書南昌府雨豆或黑或斑味如銀杏秋七月武甯縣雨雪省志是歲饑獨免南昌及新建豐城進賢縣存留糧銀有差仍弛長河魚禁舊志甯州旱州志

十七年南昌府屬自春三月不雨至秋七月疫舊志甯州産黑子形四方色如漆州志進賢不雨至秋大疫縣志

二十年鶡鳥集南昌永甯寺屋上人面四目是年旱皇明從信錄

二十一年大旱饑義甯州志

二十二年正月朔儒學櫺星門橫枋自墜是年饑斗米十五緡義甯州志

二十四年甯州芝生於濂溪書院太極堂州志進賢金艮輔家生並頭蓮縣志

二十五年武甯水縣志

二十六年武甯大水縣志

三十一年進賢三月甘露降於縣北邱溪里色如凍蜜味

甘縣志

三十二年冬十月九日南昌地震省志武甯大水縣志

三十三年春正月南昌府火延及布政司譙樓并南昌縣治民居千有餘家夏五月雷火焚德勝門城樓省志冬十三月龍見豐城田中身長四十餘丈頭似麟七日後飛翔挾風雨而去豫章書

三十四年豐城縣旱災免正官覲秋九月南昌府治廳堂火舊志

三十五年秋九月進賢縣火燬民舍二千餘家舊志

三十六年夏南昌府屬大水漂流民居禾盡沒南昌新建進賢縣饑尤甚巡撫衛承芳奏改折免糧并發倉粟賑之布政使陸長庚丁繼嗣採知府盧廷選知縣吳嘉謨議弛

長河漁禁以予災民舊志奉新八月大水上給賑濟銀八百兩縣志

三十七年夏南昌府屬大水巡撫衛承芳巡按顧造奏請蠲恤舊志

三十八年武甯大水蝗縣志進賢地震屋瓦有聲縣志

四十二年豐城水決二王廟堤七十丈縣志進賢大水饑邑人熊明遇建議改折巡撫王佐檄知縣錢士貴詳議折兌之法給事喩致知具疏淮南糧全折北糧折十分之五每石止折二錢五分進賢縣志

四十四年夏五月豐城大水決馬湖堤三百餘丈漂民廬舍壞洪橋縣志

四十六年八月奉新等州縣蛟四出洪水橫流明史五行志

四十七年甯州大水州志

四十八年六月進賢羅盤里凡塘中水午時溢高尺餘至次午消癸丑金德潤登進士縣志

熹宗天啟四年芝生於豐城學宮縣志四月武甯星隕石梘聲如雷其色黑縣志

五年進賢芝生金進士廳梁倒垂有莖有葉交織風吹則動一十七片色白而淡紅士大夫俱贈以詩賦縣志武甯大饑縣志

六年十二月甯州地震州志進賢田潦縣志

懷宗崇禎元年秋九月南昌自重陽酷熱下旬尤甚二十九之年暍不可言是夜無風自寒明日魚浮薇江盡凍僵者南昌縣志

四年辛未六月二十一日東湖水鬬若有兩物在下推起中作噴湍南昌縣志秋七月十七日武甯地震縣志十八日南昌地震十月十一日地又震省志

六年夏豐城雨黑粟人種之生兩葉如劍狀縣志

九年南昌及各府大饑米騰貴民爭相搶奪巡撫解學龍禁之弗得以數人正法乃止省志八月甯州地震州志進賢潦縣志

十年晝晦武甯縣志

十一年夏豐城大水縣志

十四年奉新正月雨木冰縣志進賢大潦民饑是年撫按題請改折南糧明年布政司經歷林之秀載穀七百石遍賑三陽北山梓陂諸處縣志

十五年豐城大疫縣志奉新四月黃霧四塞縣志

崇禎十六年春三月菊花開豐城縣志武甯火延燒城東門內民舍二百餘家縣志九月有虎蹲於撫州門街計六奇明季北畧

十七年虎東渡河至德勝門外新建縣志武甯地震有鳥如雞數百集縣西龜山飛去縣志

國朝

順治元年南昌五色雲見省志

三年春芝草產於豐城登仙門外民舍縣志

五年大有年斗米銀三分武甯縣志

七年進賢水奉

旨減正賦縣志

十年夏四月大雨雹劉田鋪墮一雹形如杵長一丈一尺

有奇甬稗新滙

十一年武甯縣署王夫人祠産芝三本縣志

十四年甘露降於豐城縣署縣志

十五年八月南昌火延燒八百八十餘家省志

十六年豐城武甯旱巡撫張朝璘奏奉

旨蠲稅糧十之三豐城武甯縣志

八年五月豐城水巡撫張朝璘奏奉

旨蠲稅糧十之三縣志

康熙元年芝草叢生於豐城感山寺夏豐城甯州武甯旱

總督張朝璘巡撫董衛國奏奉

旨蠲賦十之三豐城縣志

三年豐城秋旱九月甘露降於治東景福觀豐城縣志進賢甯

州旱奉

旨蠲田賦十分之三 進賢義寧志 武寧大有年斗米銀三分 縣志

四年進賢寧州旱奉

旨蠲田賦十分之三 進賢義寧志 城外火燬沿江千百家 石園集

五年夏四月牛產麟於南昌縣五十都三圖金臺里 劉思彬集

進賢寧州旱奉

旨蠲田賦十分之三 進賢義寧志

六年進賢寧州水奉

旨蠲田賦十分之三 進賢義寧志

八年寧州旱奉

旨蠲田賦十分之三 州志

九年寧州旱奉

旨蠲田賦十分之三州志

十年南昌進賢甯州旱奏

旨蠲田賦十分之三縣志州志九月鐵柱宮火新建縣志

十一年南昌府屬饑巡撫董衛國勘報奏

旨蠲免本年錢糧頒發倉米賑濟省志

十三年新建甯州旱奏

旨蠲稅糧十分之三縣志州志

十五年夏新建霪雨禾盡渰奏

旨蠲稅糧十分之三縣志六月十三日甯州雨冰州志

十六年夏甯州旱奏

旨蠲田賦十分之三州志

十七年秋甯州及各縣旱巡撫佟國楨勘報奏

旨蠲賑省志

十八年秋南昌等五十九州縣旱巡撫安世鼎勘報奉
旨蠲賑省志

十九年五月甯州大水漂没田廬知州班衣錦申請題恤災民州志

二十年夏新建等十四州縣水巡撫李士正勘報奉
旨蠲賑省志

二十一年夏南昌等十四州縣水巡撫佟康年勘報奉
旨蠲賑省志

二十三年冬南昌蟲食穀彭夏賡集

二十六年秋甯州等十七州縣旱奉
旨蠲賑省志

二十七年秋甯州等十二州縣旱巡撫宋犖勘報奉
旨蠲賑省志
二十八年秋新建等四十一州縣旱奉
旨蠲賑有差省志
三十二年夏新建等十四州縣旱巡撫馬如龍勘報奉
旨蠲賑省志
四十二年夏甯州旱奉
旨蠲賦十分之三州志
四十三年大祲巡撫李基和自湖北布政使赴任過湖口買艘方載粟下江卽官買之或更邀之轉左蠡人南昌米價頓平而自買之粟偏發諸郡爲粥以賑饑新建縣志
四十四年夏新建豐城等四縣水巡撫郎廷極勘報奉

旨蠲賑省志

四十八年豐城大稔縣志

五十五年夏甯州武甯水巡撫佟國勷勸報奉

旨蠲賑省志

五十七年夏不雨巡撫白潢禱雨即應歲有秋省志

五十八年夏不雨祈禱如前甘霖立沛秋大稔省志

五十九年大有省志

六十年大有省志

六十一年大有省志

雍正二年甯州大稔州志

三年大有省志

四年南昌新建豐城進賢等九縣秋禾有災蒙

恩旨蠲免糧銀二萬六千三百兩有奇被災屯銀一百兩有奇動支節備倉暨院司道公捐以賑省志

七年大有南昌志

八年大有

上以民俗和樂上蒙天休蠲免江省九年分錢糧四十萬兩甯州邀免銀三千九十四兩一錢八分零義甯州志

九年大有省志

十一年甯州高鄉三十六都農民廖常茂田一莖三穗粒如瓠子州志

十二年甯州大稔州志

乾隆元年春正月朔日彩雲覆於武甯太平山彌日乃散縣志

二年大有舊志
三年大有舊志
四年武甯除夕酷熱如盛夏人不能任衣夜半雷鳴縣志
七年夏五月甘露降於豐城學宮縣志秋九月廣潤門城樓火延燒民房四百餘間死四人南昌縣志
八年南昌饑巡撫陳宏謀設粥賑濟南昌縣志
十一年春正月豐城雨木冰樹折古樟多枯死縣志閏二月新建大雨雹損禾苗屋瓦尤甚縣志
十三年武甯大有年縣志南昌水螟食苗縣志
十四年武甯大有年縣志南昌雨蟲有農戴笠雨行少頃蟲滿笠有穀飛如雨過石頭岡俱南昌志
十五年南昌螟害稼秋復水知縣顧錫鬯詳請被災地方

計畝貸種縣志

十六年春正月豐城大風雨黑雪縣志八月南昌縣秋螟繼以風禾盡死縣志

乾隆十七年武甯大有年縣志

二十一年冬十一月進賢地震屋瓦有聲縣志

二十二年夏四月進賢大水蛟出漂沒廬舍人畜無算縣志

九月豐城武甯地震兩縣志

二十八年秋武甯大稔縣志

二十九年南昌新建進賢三縣水秋禾滂損奉

旨蠲賑共計蠲銀一千四百兩有奇賑銀二萬一千六百兩有奇舊志

三十二年武甯文仲源雨紅粒如珠居民呈獻稱瑞縣志南

昌新建進賢被水奉

旨蠲賑共計蠲銀四千三百兩有奇賑銀一十二萬四百兩有奇

復於三十三年正月奉

旨將被災較重之極次貧民分別加賑兩月一月有差舊志

三十三年武甯夏不雨知縣黃泌率同官步行四十里抵

石鑊洞禱雨稼大熟縣志

三十四年武甯麥穗兩歧縣志六月南昌新建進賢三縣瀕

河地畝被水奉

旨蠲銀二千一百兩有奇賑銀八萬八千三百兩有奇復於三十

五年正月奉

旨將被災較重之極次貧民分別加賑兩月一月有差舊志

乾隆四十年八月奉新螽傷稼縣志

四十三年武甯旱秋稼大熟縣志

四十六年六月南昌府屬不雨巡撫郝碩奏明南昌新建武甯奉新靖安借給籽種補栽雜糧復蒙

恩將南昌新建應徵錢糧及軍屯餘租緩至次年徵收舊志

四十八年南昌新建豐城進賢被水晚禾淹損巡撫郝碩奏明奉

恩旨借給籽種舊志

五十年秋九月武甯雨雪傷稼民饑縣志

五十一年春三月清明後六日武甯甯州大雪縣志州志新建大疫縣志

五十三年南昌新建進賢三縣濒湖地畝被水巡撫何裕城奏明奉

旨蠲銀三千六百七十八兩六錢五分八釐貽銀一十二萬四千四百七十六兩二錢二分八釐搭放穀二萬三千五百九十一石八斗二升舊志

五十六年冬十二月洗馬池火延燒民房千餘家南昌縣志

五十七年夏四月豐城大水堤決二黃廟漂沒廬舍無算縣志新建縣水奏

旨緩征借給口糧縣志武甯旱縣志

五十八年秋南昌新建豐城進賢建昌鄱陽餘干七縣水巡撫陳淮勘奏奉

旨緩征借給口糧籽種南昌縣志奉新靖安大水沒廬舍兩縣志

嘉慶六年秋大水南昌新建豐城進賢低田被淹巡撫張誠基奏奉

旨緩徵南昌縣志

七年南昌等十一府自五月不雨至七月巡撫張誠基奏

奉

旨緩徵南昌縣志十二月五日有虎躍登城南民居屋脊人告於官殺

之龔鉽詩集

八年南昌饑民有食土者縣志

九年南昌等九縣低田被水巡撫秦承恩奏奉

旨緩徵南昌縣志

十年夏五月靖安大水知縣馬廷變捐俸賑卹縣志冬十一

月豐城地震縣志

十一年豐城大有年縣志

十二年秋義甯州大稔州志

十三年閏五月大雨氷南昌等九縣低田被淹巡撫金光第奏奉
旨緩徵
十四年夏義甯州饑知府賀維錦發常平倉穀平糶州志
十五年秋大水南昌等四縣晚禾被淹巡撫先福奏奉
旨南昌新建進賢三縣所有應行帶徵上年錢漕並豐城應行帶徵十三四年借領耔種穀石俱著緩徵南昌縣志
十六年秋武甯大旱禾黍皆枯民食蕨根苦菜奉
旨緩徵縣志
十七年新建被水奉
旨緩徵縣志夏豐城大水雷公腦堤決縣志
十八年奉新縣丞廳古木生靈芝二縣志新建被水奉

旨綏徵縣志

二十年武甯昇仁鄉麥穗兩歧亦有三歧者縣志

二十一年夏南昌大水縣志

二十二年春三月武甯雨雹傷稼縣志

二十三年夏芝生於義甯州考棚文昌閣州志五月豐城大水堤決縣志靖安雨雹縣志

二十五年夏大旱河竭豐城縣志武甯自五月不雨至七月高下無收民多流徙奉

旨綏徵縣志

道光元年夏六月靖安雨雹縣志義甯大有年州志

二年秋義甯大稔州志

三年夏五月南昌等十三縣大水巡撫程含章具奏奉

旨本年錢漕緩徵南昌縣志

五年春二月南昌雹雨於梓溪界內有大如雞卵者縣志靖安大水堤決縣志

七年南昌蟲食穀縣志

八年春正月南昌南鄉虎傷人八月既望撫牙火縣志

十年秋八月大雨水溢壞圩堤奉

旨緩徵新建縣志豐城饑知縣武穆淳請發穀平糶縣志

十一年春義甯州大饑州志夏五月大水圩堤盡圮民大饑死者無算奉

旨緩徵放借耔種撫卹災民一月口糧新建縣志

十二年夏大水疫奉

旨緩徵放借耔種新建縣志靖安大饑民有食土者縣志武甯旱荒穀價

騰貴有桐及時不花既吐新幹其狀爲刀爲鉞爲立爪爲龍仗肖官司前列導縣志

十三年秋大水傷稼民饑南昌縣志

十四年夏五月大水圩堤盡壞米價騰貴民多餓殍奉

旨緩徵放借籽種加賑一月口糧新建縣志

十五年秋七月南昌府屬旱蝗民饑奉

旨緩徵放借籽種並豁免道光十年以前民欠未完錢漕等款縣志

十六年秋進賢旱荒奉

旨緩徵縣志

雨黑黍於武甯縣志

十七年秋豐城大稔縣志

十八年靖安有虎傷人縣志

二十年冬十一月雨木冰樹多折豐城縣志

二十一年夏四月武甯地震秋八月雨雹傷稼縣志冬雨雪著枝成冰樹木凍折南昌縣志

二十二年夏六月武甯大風拔木屋瓦皆飛縣志

二十三年春三月大雨雹武甯縣志夏五月義甯州大水湮沒田廬無算州志奉新桃源黃氏祠柱產芝縣志

二十四年奉新興賢書院產芝數本紫黃二色縣志夏豐城大水堤決民居低窪者沒戶冬十月梨花開疫起縣志十二月二十五夜大雷南昌縣志

二十六年夏大旱奉

旨緩徵新建縣志秋七月豐城大雨水驟漲劍池鄉田多淤塞澄山麓有巨石飛至山巔縣志

二十七年奉新縣火焚街房二百餘間縣志

二十八年夏六月霪雨江水泛漲鄱湖逆流而上壞民居廬舍淹斃者無算奉

旨發帑撫䘏災民新建縣志秋七月義甯州大水平地深數丈漂沒田廬無算州志

二十九年春三月十八日大風雨雷電屋瓦震動雹大如雞卵平地水深尺餘新建縣志夏五月霪雨水溢六月旱民饑各大憲籌款辦賑南昌縣志冬十一月廣潤門大火燒斃數十人新建縣志

咸豐二年秋廣潤門大火南昌縣志有漁網章江獲鐵鞭一剝蝕過半重十餘觔上鐫宋將牛皐名冬十一月北營坊屏牆內煙出三日不絕十二月大雷電新建縣志

三年夏六月霪雨大水稻盡腐冬十月雷復霪雨秋稼亦

廣民大饑豐城縣志義甯州書院起鳳廳產芝是年民家有雌雞化雄州志芝生南昌梓溪靈仙觀共數百本縣志

四年秋九月義甯民家產鷄雛二首一身冬十二月泰鄉地陷州志

六年春黃賊竄義甯踞州城頻歲蹂躪奉

恩旨豁免五六兩年全徵州志秋大旱蝗飛集田間如雨民多取食之新建縣志

七年春奉新縣蝗知縣張星煩率同官往捕夏五月大水餘蝗漂沒是年四鄉豺出食人至今連歲爲患縣志冬十二月雨木冰古樟多枯死章江冰合十餘日新建縣志

八年春三月大雨雹荳麥多傷進賢縣志夏四月豐城大水堤決秋八月蝗縣志

九年春正月十五日大雨雹秋八月大疫豐城縣志

十一年武甯野豬害稼縣志冬十二月雨木冰樹折古樟多枯死豐城縣志

同治元年春三月初二日辰刻火藥局災震斃守局員弁及居民數人塌損房屋無算巡撫沈葆楨奏聞南昌縣志夏豐城大水堤決秋七月復大水晚禾被淹民大饑縣志靖安豺虎傷人縣志

二年夏四月二十三夜大雷雨西山蛟四出平地水深丈餘居民多溺死新建縣志秋七月義甯地震有聲簷瓦皆落州志

三年春大雪凍傷木奉新縣志三月大風雨雹拔樹傾屋無算義甯州志靖安虎狼傷人縣志

四年春正月義甯地震州志三月大風雨雹拔木屋瓦飄擲

豐城縣志

五年豐城大水官湖堤決漂沒廬舍十二月大雷疫起縣志

七年夏四月洪水暴漲山裂壞田廬無算義甯州志

八年夏四月豐城大雷雨山多陷水湧出高丈餘有小山夜徙田中木石如故縣志進賢大水民饑知縣江璧詳請緩徵撫卹縣志秋揚子洲突來一虎斑紋黃毛頭大於身鼻出氣如煙連傷八人當稟縣會同三營兵勦捕適天大雨虎不見南昌縣志冬新建大饑知縣李寅清請發帑設立粥廠賑濟縣志南昌灌城縣晚稻一禾兩穗縣志

九年春二月大雨雹夏大水堤決南昌縣志秋七月大風雨雹碎瓦武甯縣志

漢

永甯元年南昌婦人生四子 後漢書唐檀傳

宋

太宗雍熙二年奉新縣民何靖妻產三男 宋史五行志

景德元年南昌縣民李聰妻產三男 宋史五行志

二年奉新縣民魏勇妻產三男 宋史五行志

元

彭公順妻節孝王氏壽百有三歲 南昌志

明

萬歷二十四年進賢工部侍郎饒位刑部侍郎饒伸之母劉氏壽百有四歲其族饒宇梁宇棟之母朱氏壽百歲鄉里稱爲人瑞 縣志

萬世治壽一百四歲 南昌縣志下仝 熊闕壽一百四歲

【光緒】南昌縣志

(清)江召棠修　(清)魏元曠纂

民國二十四年(1935)鉛印本

南昌縣志卷五十五

祥異志

天道人事其相感也其兆於先也微矣哉範言庶徵春秋書日食星隕聖人之謹也讖緯之學儒者不道以有誣之者而懲毖之記曰國家將興必有禎祥國家將亡必有妖孽見之邑者或通乎一世或即主於其方和氣洽而瑞應人反常而妖作戒懼之君子察其幾而備於初不可忽也述其理之近信者爲前鑒瑞莫大於年豐災莫甚於民饑況爲稼穡之邦哉從政斯土者尤宜知所考焉

漢

永平十三年白鹿見

永和二年白烏見

元初六年芝草生

永甯元年有婦人一產四子

永和間出白雀

晉

太康五年秋七月生嘉禾

咸和二年春正月騶虞見夏四月地震

咸康五年民掘地得銅鐘四枚豫章太守褚裒以獻

咸安二年春三月白鹿見西鄉石馬山前

義熙五年白雉見

宋

元嘉二十一年白雀見　二十七年夏四月乙卯至戊午甘露頻降戊午午時天氣清明有彩雲映覆郡邑甘露自雲中降豫章太守劉思孝以聞

太明元年冬十月木連理生

泰始五年夏五月獲古銅鼎上有篆文容斛七斗江州刺史王景文以獻　六年冬十二月木連理生豫章太守劉愔以聞

齊

永明五年春三月長岡山獲神鐘一枚

唐

武德六年夏六月二十六日城內見慶雲自旦及申方散

開元五年見有物赤而暾暾飛來旋卽火發延燒州署

貞元十年溪澗漁頭皆戴蚯蚓州境同

太和四年大水鼠害稼

南唐時新義里地陷數十步廣者數丈狹者七八尺

宋

淳化元年秋七月江水漲壞城三十堵漂民舍二千餘戶

咸平元年夏六月大雨壞城漂沒二千餘人

景德元年民李聰妻一產三男

慶歷五年秋八月章江禪院堂柱芝生高一尺二寸葉二十層色白黃有紫暈旁生

生小芝葉九層上有氣如煙

元豐元年芝草生射圃

乾道八年大水（一作大旱）荐饑及新建民流徙待哺者二萬八千人時府屬三年大水四年旱七年大旱九年水又鼠害稼甚於蝗螟十一年大水十四年雨木冰大饑

淳熙元年饑賑以常平義廩六十二萬斛

嘉泰四年春大饑府屬殍死者不可勝瘞

開禧初果木秋冬生花有山礬生梔子花桃枝生李實

嘉定八年春旱首種不入至八月乃雨

元

至元二十二年饑冬雨米貧者得濟富家所雨則雪也　二十七年秋七月水溢城幾壞　二十九年夏五月大水

大德六年秋七月民間訛言括童男女至有殺其子者捕爲首三人誅之始息時龍興路七年饑八年九年水十年夏六月蝗

至元三年饑

至正三年大疫　十一年大水

明

建文元年掘學宮泮池得二石獅子無鼻旁居兒戲以硃塗之是年劉端王高同舉後皆坐方孝孺事以剮死

宣德九年旱饑白雀見　十年大饑

成化二年旱元年府屬旱三年府屬自四月不雨至六月禾盡枯　四年大旱　十五年旱　二十一年夏五月大水漂沒廬舍人民甚衆浸城門五日

弘治二年秋九月鐵柱宮火

正德五年夏五月大饑民起爲盜　六年夏五月日有紅白暈中浮靑黑氣有頃始散　八年自夏至冬不雨城內外火燒布政司治及民居寺觀萬餘家　九年秋八月朔晝晦星見　十二年夏六月有火自空而隕焰長丈餘秋八月火燬民居三百餘家　十三年夏六月有星自東南向西北其光燭天有聲明年宸濠反　十四年夏大旱自六月不雨至八月

嘉靖四年饑　十三年春閏二月六日五色雲見是年十三府旱大饑　二十二年春正月朔五色雲見　二十四年大饑

隆慶五年冬十月夜半天鼓鳴

萬歷三年地震旱　十六年春二月雨豆於北郛或黑或斑水之則芽苗若原菽火之則熟味若銀杏自正月霖至夏四月恒陰沍寒大水饑斗米錢五百十四十五兩年府屬皆大水十七年府屬自春三月不雨至秋七月疫　二十年顒鳥集永甯寺屋上形如梟人面四目有耳高二尺燕鳥從而噪之夏五月晦至七月中酷暑無雨禾盡枯　二十四年水　三十二年冬十月九日地震　三十三年春正月火延燒縣治燬民居千餘家夏五月雷火燬德勝門城樓　三十六年夏大水饑甚

天啓元年春雨木冰

崇禎元年秋九月自重陽後酷熱下旬尤甚二十九日午暍不可言是夜無風自寒明日魚浮蔽江盡凍僵者　四年夏六月二十一日東湖水竭秋七月十八日地震九月十六日天鼓鳴冬十月十六日地復震　九年大饑民爭相搶奪不能禁　十

年雨水冰　十四年春正月大雨雪凝冰樹木凍折四山震響夏大水饑　十六年
秋九月有虎蹲進賢門外肆中戊子金王之亂焚城南火即起虎蹲處　十七年有
虎渡河至德勝門外

國朝

順治元年五色雲見　三年自五月不雨至十月　四年春大水斗米錢七百大饑
冬十二月見三日參升高丈餘乃滅　五年城中斗米銀三分　九年春三月地震
十五年章江忽湧船千艘綠苔於岸寒氣逼人見者股栗大火燒八百八十餘家
十六年夏旱忽傳有神蜂自臨瑞來城鄉迎奉數日至境飛鬧徧空知縣黎士毅
枷報者釘數蜂於枷上示曰有禍及願以身當之蜂立散遂絕影聲民閧始息
康熙元年旱芝草叢生於感山寺　五年夏四月牛產麟於五十都金臺里　七年
春三月雨雹夏六月地震有聲　九年冬十二月彌月大雪　十年夏五月後數月
不雨　十一年春大饑道殣相望　十八年秋旱是歲旱凡五十九州縣　二十一
年水　二十三年冬百里內倉囷皆生蠹蟲黑殼四足有鬚有翅食藏谷不旬日米

盡惟餘糠　二十八年秋大旱　五十九年大有　六十年大有　六十一年大有
雍正三年大有　四年秋水　九年大有　十年水　十一年夏五月大水　十
三年春有虎至葛溪噬人爲村童左祥八刺死（左年十九）夏進賢門外朱中祿妻曾氏一
產三男
乾隆二年大有　三年大有　四年夏五月風　八年饑有食土者（土出豐城界）夏六月朔
大風拔木　十三年水東鄉螟食苗幾盡　十四年雨蟲有農戴笠雨行須臾蟲滿
笠日出化爲水惟田間蟲不化　十五年螟害稼秋大水　十六年饑斗米銀三錢
秋螟繼以風禾盡死秋八月東鄉民徐仲先妻萬氏一產三男　五十六年冬十二
月城內火燒千餘家　六十年大有
嘉慶元年大有　七年自五月不雨至七月　八年饑　二十年徐有瑞妻黃氏僥
芳賀妻樊氏朱定臣妻舒氏俱一產三男　二十一年夏大水　二十五年夏旱暍
署異常
道光二年大有　三年大水　四年大有　五年春二月雨雹於梓溪界有大如鷄

卵者有四五枚聯綴如半甓者　七年有蟲食穀　八年春正月有虎至超林界
十年秋八月大雨水有流星自西南至東北其光燭天　十一年夏五月水大饑外
郡流民來省就賑者復約二十二萬人秋七月有流星墜於東北形如火球　十二
年夏大疫　十三年夏秋大水凡三種卒無禾　十四年夏五月大水驟至居民緣
木避之時荐饑斗米錢七百　十五年夏六月蝗蝻生秋八月中秋夜羣飛蔽天掩
月無光久之値大雨始死　二十一年冬大凍古樹老幹皆折雪着枝成冰　二十
三年夏夜有白氣見西方經旬始散　二十四年冬十二月二十五日夜大雷　二
十八年秋大水江漲由鄱陽湖逆上七月大風東北兩鄉漂屋廬淹人口無算　二
十九年夏五月大水民居深者八九尺六月後久不雨復旱

咸豐三年有芝數百本生於梓溪靈仙觀大如蓋鮮如朝霞

同治元年秋八月初旬五色雲見連日始散　三年夏灌城鄉稻兩穀一莖　四年
夏閏五月合山李景波妻羅氏一產三男　八年夏大水秋灌城鄉一禾兩穗九月
六十五都北岸隴田中生異蟲形如蠶而喙赤食禾穗頃刻數畝俱盡是月有虎來

揚子洲高三尺餘長五六尺黃毛斑文頭大於身鼻出氣如鑪煙連傷八人將集兵衆捕之天大雨虎忽不見　九年春二月二十四日大雨雹秋大水

光緒二年春正月朔黃霧四塞竟日昏晦夏閏五月大水六月有紙人剪男女髮及雞鴨羽　四年城內陳家橋豕生象　六年進賢門外湛持庵芝草生高尺許十七層上有雲彩　七年秋五色雲見　十一年秋九月十九日夜星隕如雨　十二年夏六月初三日晡時大雨震電雷火焚繩金塔徹夜欄楯皆盡明日雨霽乃息　十三年城內有小兒孿生脇相連起坐眠食皆同　十四年春二月十六日地震秋甘露降　十六年春三月大雨雹冰　十八年冬十二月大雨雪樹木凍折禽卵成冰　十九年秋七月竹實八月大雨雹積地盈尺　二十年禾生綠耳　二十一年夏六月永和門內雨雪色微紅着樹葉上若冰屑漬衣及白粉牆洗不退　二十三年秋八月有虎至河泊所冬十月慶雲見連日不散　二十七年夏五月大水城外數洲民皆避居城上斗米錢五百　二十八年大疫凶服載道俗披麻不入人門是歲無忌　二十九年禾雙穗　三十年秋八月霞山唐于寶妻喻氏一產三男冬十二

月初四日雷鳴十三日雷電甚雨　三十二年春二月二十六日夜風雨雷電交作雹大如盌積地尺許城鄉數十里屋瓦林木皆碎折越日陶室積瓦一空時中外使臣方會審知縣江召棠被殺民變斃英法教士獄法國使者大恐不知所爲急散歸輿窗玻璃被雹多碎壞　三十三年夏五月雷擊學宮奎星閣冬震電

宣統元夏牛瘟斃十之八九　二年春三月斗米錢八百時連歲熟是歲大有冬十二月除夕大雨雷電　三年夏四月大風發屋六月大水秋七月自朔日至十四日大風連晝夜不息水漂壞廬舍無算圩隄傾塌殆盡冬多雨無冰暖則晴寒則雨與常年反十一月初六夜雷電有蟲食倉穀担負於肩皆聞其聲復食菜是歲饑饉河泊所楊姓有犬上樹哀叫不得了者數日

蘭溪羅亨溪之妻又龔綿標之妻均一產三男胡惠仁之妻龔氏身有四乳下兩乳如男子無汁育子三人皆宣統初

物以人爲貴人以壽爲福苟民物札瘥夭殤雖麟鳳踵至甘露醴泉迭見不爲瑞圖耆耇蕃衍必敦龐純厚之休氣凝焉史家五行志多祥物異遠者莫徵錄元明以來

可知者百年及五世同堂國家例賞銀絹緞疋亦以嘉應之歸必在於是云乾隆四十九年皇元孫生命儒臣檢閱四庫全書前代耆壽得見元孫者僅六人惟唐光祿大夫南昌錢朗最前

元男壽百者一人　彭文英百歲

明男壽百者八人　萬世治百有四歲　熊瀾百有四歲　劉取元百有一歲　羅光鑾百有二歲　盧賢堯百有一歲　李維藩百藏　鄭金膠岡背人百有四歲　鄭金容岡背人百有五歲

國朝十九人

趙登祐百有一歲　張文宗百有三歲　林子貞百有二歲　萬開光百有五歲　陶漢曾百歲　朱闓樸百有一歲　龔世耀百歲　萬鶴齡嵐湖人百歲　李益榮桃嶺人百有一歲　羅允渭游溪人百歲　王起元田湖人百有三歲　彭應蒲百有四歲　萬賢峻百歲　彭繼典百有二歲　周良境百有一歲　郭道勛百歲　萬廣坤百歲　吳方沼百歲　鄧九漢百有一歲

元女壽百者二人　節婦彭公順妻王氏百有三歲　彭文英妻百歲

明七人

徐栻妻周氏百有六歲　萬文招妻熊氏百有二歲　李溥德妻謝氏百有六歲　李維藩妻劉氏百歲　鄧懷德妻楊氏百歲　鄭金容妻李氏岡背人百有七歲　鄒曉妻張氏棠溪人百有一歲

國朝四十二人

楊正傳妻徐氏百有一歲　陳克光妻李氏百歲　趙英也妻張氏百歲　羅淑儀妻李氏百歲　曹允英妻陳氏百歲　羅（逸名）妻萬氏百有二歲　從九品雷承澤妻鄧氏百歲　吳廷訓妻蔡氏百歲　涂存恒妻熊氏百有三歲　節婦熊允漋妻丁氏石馬人百有二歲　胡之斌妻氏胡家山人百歲　周曰寬妻萬氏進賢門外人百歲　從九品胡宗謀妻熊氏塘頭山人百歲　郭正熹妻劉氏百有一歲　監生郭文瑄妻戴氏滁槎人百有五歲　劉以璇妻秦氏流湍人百歲　李（逸名）妻萬氏百有一歲　生員楊初鏡妻胡氏程坊人百有一歲　舉人姜曾妻喻氏夏岸人百歲　涂逢全妻陳氏繫馬人百二十二歲　涂獻禮妻魏氏繫馬人百有四歲

鍾志延妻萬氏郭上人百有四歲　謝光祚妻羅氏澹溪人百歲　劉本清妻姚氏黃臺人百有六歲　黃裕瑾妻胡氏㴋溪人百歲　喻鑑妻姚氏敷林人百有一歲　喻英國妻傅氏蛟溪人百歲　喻江妻盧氏敷林人百歲　刑部員外郎段承實妻許氏西洛人百歲　李方煥妻萬氏深溪人百歲　黃占鰲妻杜氏百歲　朱方來妻舒氏蘆下人百有八歲　盧世瑛妻李氏百有二歲　彭遠紅妻劉氏百有一歲　方用浩妻潘氏百歲　梅啓昌愛文氏百有三歲　秦和宜妻陳氏百有二歲　郭世欽妻王氏百有一歲　郭世錫妻楊氏百歲　樊南石妻黃氏百歲　龔世祥妻涂氏百歲　鄭穆溫妻熊氏百歲

國朝五世同堂凡七十二家

監生鄧萬敷妻萬氏年七十八有子五人孫十六人曾孫二人元孫一人時乾隆五十四年

熊嗣桂北岡人年九十餘有子孫曾元若干人時嘉慶元年

趙孟桂年九十夫婦並存子二人孫六人曾孫九人元孫一人時嘉慶二年

盧成麟年八十二子四人孫九人曾孫十一人元孫一人時嘉慶六年

張逸名妻徐氏年九十有子孫曾元若干人時嘉慶七年

監生周曰寬妻萬氏百歲子三人孫十八人曾孫十一人元孫三人時嘉慶七年

監生張旭母徐氏年九十餘有子孫曾元若干人時嘉慶九年

監生鄔紹威母龔氏有子孫曾元若干人時嘉慶十二年

監生郭文瑄妻戴氏百有五歲劉吐書妻郭氏劉以貽母郭氏俱有子孫曾元若干人時嘉慶十六年

李逸名妻萬氏百有一歲有子孫曾元若干人時道光元年

貢生潘德銓潘坊人年八十三子三人孫九人曾孫七人元孫一人時道光三年

張概先妻劉氏澄溪人年九十四子四人孫十一人曾孫七人元孫二人時道光三年孫建翎曾孫振期後皆成進士

劉自福母王氏年九十六徐逸名妻李氏年八十六節婦劉興書妻萬氏年八十九俱有子孫曾元若干人時道光三年

劉燓柏有子孫曾元若干人時道光三年

魏懋榔妻黃氏年八十子一人孫三人曾孫三人元孫一人時道光三年

監生趙鑑妻熊氏年八十三子孫曾元各一人時道光四年

龍文星龍家埠人年八十四有子孫曾元若干人時道光六年

監生王朝元竹山人年八十子四人孫十一人曾孫十人元孫一人時道光九年

江松亭妻樊氏周坊人年八十五子一人孫三人曾孫八人元孫二人時道光十一年

黃占鰲妻杜氏百歲子二人孫三人曾孫四人元孫一人時道光十七年

黃中和犂轅洲人年七十五有子孫曾元若干人時道光十八年

監生萬承綬合熂人年八十七子七人孫十七人曾孫三人元孫一人時道光二十四年

郭正熹妻劉氏百有一歲有子孫曾元若干人時道光二十四年

徐封郡妻熊氏竹山人年七十五有子孫曾元若干人時道光二十八年

熊朝郎母李氏下洲坊人年九十二子四人孫五人曾孫八人元孫一人
張祚性母黃氏滁槎人年八十九子四人孫十人曾孫十三人元孫一人
贈徵仕郎蔡宇發妻徐氏三江口人年九十四子五人常冀州州判孫一人曾孫二十八人元孫一人時咸豐元年
監生張克嬉妻劉氏浹溪人年八十三子一人孫四人曾孫六人元孫二人時咸豐五年
黃裕瑾妻胡氏百歲子二人孫三人曾孫四人元孫二人時咸豐五年
監生聶鳳翔妻朱氏胡橋人年九十三子四人孫十人曾孫十五人元孫一人時咸豐六年
黃榮昌妻姜氏梨轅洲人年七十五有子孫曾元若干人時咸豐八年
節婦龔元梃妻史氏年八十五子一人孫三人曾孫六人元孫一人時同治二年
監生胡惇典妻李氏高田人年八十一子五人孫十一人曾孫五人元孫一人時同治四年

吳雲程妻劉氏岱山人年八十四子三人孫七人芳蘭舉人芳蕙進士曾孫十六人元孫二人時同治五年

監生王仲祺若渚人年八十子三人孫十人曾孫七人元孫四人時同治七年

監生熊雲路妻萬氏東壇人年九十劉懋大妻趙氏流湍人年九十七俱有子孫曾元若干人

胡之遇北梅人年九十四有子孫曾元若干人

饒旭妻萬氏界溪人年九十四子五人孫二人曾孫五人元孫一人

生員胡芬妻吳氏高田人年九十子六人孫十四人曾孫二十八人元孫三人時光緒元年

從九品徐序德南塘人年九十子四人孫二十人曾孫三十五人元孫十人時光緒九年

胡之斌妻張氏百歲有子孫曾元若干人時光緒十六年

胡秉璂妻趙氏安泰人年八十二子三人孫四人曾孫五人元孫一人時光緒二十

年
知縣胡復初妻魏氏鄧坊人年八十八子四人孫十五人曾孫二十二人元孫一人
時光緒二十一年
訓導毛春亨妻黃氏棠頭人年九十八子二人孫七人曾孫十六人元孫六人時光
緒二十一年
監生史章嘗妻李氏城南人年八十三子四人孫九人曾孫六人元孫一人時光緒
三十年
曹宗棖年九十子九人孫十九人曾孫八人元孫一人時光緒三十年
兵部主事李其滋妻黃氏璋鏗人年八十子九人孫十人曾孫三人元孫一人時光
緒三十二年
舉人劉允元妻胡氏流湍人年九十一胡國愈妻盧氏三溪人年九十二章嘉級妻
陶氏竹林人年六十七節婦熊允湰妻丁氏石馬人百有二歲節婦陳德馨妻朱氏
年九十二俱有子孫曾元若干人

張開倫妻羅氏牌樓山人年九十三子三人孫七人曾孫九人元孫一人

蕭世延妾樊氏郡城人年九十有子孫曾元各一人

朱闓樸繼妻傅氏年九十五子四人孫十五人曾孫十二人元孫一人

胡昌詢高田人與妻熊氏俱年八十餘子一人孫三人曾孫六人元孫一人

范讓沒沈口人年八十七子二人孫七人曾孫十六人元孫一人

楊道高楊家洲人年九十八子三人孫四人曾孫十人元孫一人

顧永春年八十子三人孫七人曾孫九人元孫一人

趙志祿妻胡氏年八十七子四人孫十四人曾孫十四人元孫二人

劉錫蘇妻余氏年八十九子二人孫九人曾孫十二人元孫一人

胡廣泰妻李氏年八十五子三人孫十二人曾孫二十一人元孫三人時光緒三十二年

鄭穆溫妻熊氏百歲子六人孫八人曾孫十四人元孫五人時宣統元年

熊肅威妻李氏年九十子三人孫五人曾孫八人元孫二人

涂我祀妻毛氏年九十三童墉妻　氏年九十八李持纓妻胡氏俱有子孫曾元若干人

漢晉間朝廷好言瑞應即騶虞白鹿白烏之祥邑亦數見焉厥後則惟天災人事之可書豈上不信好靈物遂不至歟或其時山林未闢居民稀少禽獸繁多異物亦遂生其間歟抑有司迎上意所聞不皆實歟

（清）喬淮修　（清）賀熙齡纂　（清）游際盛增補

【道光】浮梁縣志

清道光十二年（1832）增補刻本

祥異附武事

祥異

唐元和七年夏五月大水五行志云饒撫虔吉信五州暴水是也十一年六月暴雨大水五行志云饒州浮梁樂平二縣暴雨水漂沒四千餘戶是也九月又大水

宋天禧元年夏四月山竹生實如米舊傳其應荒先儒亦謂山竹實如麥占曰大饑也

嘉祐元年鄭夢龍園池生荷花一蔕雙萼能改齋漫錄

慶歷三年大水六年五月庚午水至甲戌

熙寧三年夏六月巳未長山都雨木子數畝類山芋子味辛香

土人以爲桂子又曰菩提子

元豐七年旱

乾道九年大水　豫章書

淳熙十五年五月戊午祁門縣暴漲大水漂田禾廬舍冢墓桑麻人畜什六七浮尸甚衆餘害及浮梁縣

慶元三年春二月景德鎮漁人得一魚赬尾鯉鱗而首異常魚鎮老人言其不祥是年五月鎮果大水蓋魚孽也

開禧三年夏五月大水

寶慶二年化鵬鄉九里坑二水同發溢東北港蛟出漂沒甚多

紹定間產瑞芝二本黄房紫萼十二層十六葉出宜聖殿　理宗實錄

淳祐五年蝗食禾及松竹葉

咸淳元年夏六月十四日水暴漲頃刻丈餘

元大德元年夏大水市民避學嶺高阜處

延祐二年夏大雨彌月不止城郭近溪民居没者半鄉村如之

至治三年春恒雨三月洎月水浸民居不及延祐二年僅三尺

致和元年即天歷元年大饑命有司賑貸

至元六年夏大水鄉邑泛溢

明永樂元年春夏大雨水溢城郭浸民居之半二年饑十二年夏大雨水溢不及元年五尺

宣德六年夏六月恒陰雷雨大作頃刻水溢丈餘城中不浸者數十家置縣以來未有甚於此水者也豫章書作七年誤

景泰五年夏五月大雨連日東北水發甚暴漂廬舍溺人甚多

天順元年秋七月大水民多漂溺廣福觀岸傾成溪溪壅成洲

成化十二年春三月大火東隅及南隅焚千餘家

宏治十二年春正月大火起北隅後街延及東西隅民居文廟譙樓皆燬十五年蘆田人宰牛破其腹有物類犀形頭角足尾皆具體堅如石碎珠裹之十六年冬十一月北隅葉軒家豕產一子類象蹄時死

正德三年四年五年皆大旱冬十月九日夜火燬明倫堂及民居三百餘家七年春三月大風雨雹如雞卵八月雨雹小者如卵大者如瓜壞民居田稼牛羊多死傷十二年夏四月五日虎入城西門行遊數日乃去五月二十六日北鄉石斛五顯廟樵

龍變水暴至漂溺無數十三年魚步都余邱家產一牛二面三目三鼻首重不能舉遂死十四年夏六月北隅閔壽佃家產一牛二首三尾六足

嘉靖十九年夏四月雨雹如鵝卵五月二十三日蛟出大水至二十四日皆乘舟入城市漂廬舍溺人甚多

邑人汪柏詩險津千唊注暴漲數村平把蓋山頭立乘舟屋脊行忍饑無宿火恐夜卜新晴兩歲重逢此憂時卧未成其一溪水驟聞漲登樓始悔卑無門翻尨出亟渡畏舟欹浸入青苗死歸遲白屋危吾廬破無憾所慮阻民饑

二十三年旱饑斗米銀一錢五分二十五年夏四月二日泮池及鵲橋下養生池中產蛙千萬頭擁溢滿地明日無存是年鄉

榜中十一人成進士者八人人以爲先兆二十七年大疫又春三月八日西山觀前圳溝中湧出巨蝦無數背光照夜如晝或取至家光不滅明日始沒二十九年二月里仁都黄瑩三五家火爐熾炭烹茶瓶後生蓮花一枝六瓣內黑紅外白長六七寸三十年四月十九日里仁都曹旭二家火爐瓶後亦生蓮花三十四年秋八月水溢入城學宫門壞

萬歷十六年十七年俱大旱大饑民有草食者三十年夏五月十二日水夜漲頃刻彌野人廬漂溺無數盤城而入城中人蹲屋上以免是夜有鄉民見水中躍出如馬頭形疑以爲蛟云三十八年春三月北鄉朱村廟雷擊死男婦四人乃行竊及不孝者一時惡少頗悚惕云四十一年春方戴二姓各乘舟墓祭至

九渡鈌遇暴風舟盡覆溺死男婦二十八人有貞女事載列女傳

天啟六年西隅火自縣治前至大寺焚民房數百家會元解元二坊及會元樓俱燬

崇禎七年積雪自前十月至正月行李斷絶凍餒死者無算八年夏五月十二日大水南門城堞幾没十三日復漲高三尺禾苗盡湮九年大饑斗米銀三錢六分春二月大風雨西隅曹煜坊南隅曹天祐坊儒學前驄馬聯鑣青雲捿武二坊石頂皆飛去無迹十六年夏四月有獸似鹿而小由東門入城居民撲死市中兩目下復有兩目或云麖或云麞占曰野獸入城邑市爲墟其後城内斷煙火數年

國朝

順治三年大旱自五月至十月乃雨

四年大饑斗米千錢民食草根樹葉死者無算

五年夏六月九日大水城多崩漂流廬舍及未葬棺柩無算

八年夏五月大水

九年虎穴西隅塔下今漕倉地也自城壞虎頻入及是踞爲穴傷人畜甚多署縣事同知許兆祥募捕不息康熙二年知縣蕭蘊樞築城完固患始絶

康熙九年冬大雪行人有凍死者

十年自六月不雨至於十一月河井皆竭行道或渴死

十一年大饑民掘葛蕨以食是年夏蓮荷塘出並頭蓮最多先

是冬旱塘涸土人取藕殆盡方慮花損及是較前特盛一時艷之

十三年六月洪水暴漲城頹廬舍漂蕩

六十年自六月不雨至於八月晚稻盡槁

六十一年民饑甚至有食觀音土者此土産邑東庫源嶺馬箕塢初究出似石見風後軟如米粉味甘可食因采以療饑故名觀音土

雍正十一年春三月初十日鎮市都民魏經五妻李氏一産三男

十二年夏五月十三日大雨至十五日近河村莊湮没廬舍無數城北門東門戊已門俱成巨浸

邑人李園桃詩夏五連旬淫雨作毒虬老蛟羣肆虐盡望河干水勢薄暮宿空齋水波惡耳聞喧聲衆雜錯披衣起立不容脚攖身危樓樓又閣千家萬家風掃籜雖有鞠窮何處着敢望呼癸便爾諾晚來漁舟艤前泊漁舟却嫌小於勺恨不生翼飛寥廓中宵漸見月光爍驚魂猶道夢是噩

乾隆八年四月十三日大雨淋漓至夜水驟溢較雍正十二年小三尺是歲大饑米賣三兩二錢一石四鄉苦竹皆生米

二十一年十月十六日一更後地震有聲如雷鳴

二十五年五月虎入南門城官率軍民人等逐之三入三出傷於爪者數人力疲渡河爲駕舟人擊斃

二十七年正月二十七日縣署大堂庫房災志板盡燬

二十九年自正月下雨至六月初三止

邑人甯志超乞晴吟時維季夏溯初春閒逢晴霽止三旬淫霖一百二十日東港西壍漾無垠郊原禾黍傷汙漫愁雲蓊鬱吹不散農夫有力無所施戴笠時來嗟隴畔眼見如斯淒奈何更聞元冥肆虐多南昌等處水荒更甚天工垂念羣生苦乞今勿令再滂沱儒生漫道無國計日食猶然同望歲試問珍席待聘人拯溺何以施調濟吁嗟乎自古匹夫能自肅淵衷寸忱上可格蒼穹曦光萬里昭應順休徵時若卜年豐伏願持此以謝河伯曰請回驅白馬返追十二童

三十九年九月十七日下雪色黃次年五穀倍登

四十年六月初七日大水入城較乾隆八年水大一尺餘

四十四年四月十二日南鄉大水

四十五年六月十一日西鄉大水

嘉慶七年江西旱浮梁尤甚巡撫張誠基

奏奉

恩旨漕糧展緩嗣經

部議分作四年帶征是年市斛米一石九九淨錢三千六百文

知縣湛祖貴捐銀一千两倡率士民出境採買減價平糶市價

遂平

嘉慶十八年下梅田都人李澤楨八十五歲五世同堂子三人

孫四人曾孫四人元孫一人

二十一年星槎都吳廷俊之妻程氏八十九歲五世同堂子三

人孫八人曾孫十五人元孫一人

嘉慶二十五年四月間辰時第三刻縣署內自鳴鐘定之不爽自縣署屏牆前沿街以下并景德鎮各處地微動片刻即息申酉之交地動甚不過一刻至夜半地旋動旋止幸無損傷

道光七年下梅田都人項允光國學生七十九歲五世同堂子一人孫三人曾孫六人元孫二人

道光七年魚步都人洪業儲國學生七十八歲五世同堂子三人孫四人曾孫三人元孫一人

道光七年康阜門外蓮塘內向有紅白兩種蓮花凋謝已久忽產白蓮數百餘朶教諭左翰元有記刊入藝文門

道光八年四月二十日起間日大雨淋漓至五月初四日大水

入城東南北三隅城內水有丈餘惟西隅城內只有鄭家衕靠城屋宇數十餘間水浸三尺又南隅城內學宮頖池紅牆及演武廳城牆傾塌水退重修城外并鄉鎮沿河店屋概遭損壞

道光八年六月末蓮塘內魚浮水面任人攜取鯉魚鯽魚約有萬餘觔之多居民爭魚相鬬知縣沈棠痛懲之出示禁止嗣後居民毋許擅取塘魚並摘荷葉蓮花蓮蓬挖藕等事

（清）錫榮、王明璠纂修

【同治】萍鄉縣志

清同治十一年（1872）刻本

祥異附

楚昭王渡江江中有物大如斗圓而赤直觸王舟舟人取之王大怪之遍問羣臣莫能識王使聘於魯問於孔子孔子曰此所謂萍實者也可剖而食之吉祥也唯霸者爲能獲焉使者返王遂食之大美久之使來以告魯大夫大夫因子游問曰夫子何以知其然曰吾昔之鄭過乎陳之野聞童謠云楚王渡江得萍實大如斗赤如日剖而食之甜如蜜此楚王之應也吾是以知之

家語

按家語本文未著年號而萍鄉舊志前志必實之以魯定公四年且云卒復國啓霸是必以渡江在吳師入郢昭王出奔之時於是疑者援引左傳謂王奔隨返國無渡江事夫萍鄉於春秋時屬楚本國之地安知不有時一至而必魯定公四年乎夫子以爲霸徵豈必以返國時爲霸而他日遂非霸乎又范石湖疑其去江太遠據隋書地理志萍鄉有宜春江考古錄南人凡水大小皆曰江則昭王之得萍實不必大江明矣

五代周顯德時城南梵林寺祥光忽見累日不散聞於朝賜額寶

積寺

宋熙甯二年春縣學泮池芙蓉盛開一本三花是歲郡發解進士四人萍鄉居其三蘇方叔高無黨彭襄也

按通志載隆興元年春萍鄉池蓮一本三花是年袁州發解進士四人萍鄉居其三州守趙瑞爲圖攷選舉志隆興元年無解試府志載郡守趙瑞係大觀時任曾圖大觀四年府學泮池之瑞蓮迄於隆興已隔六十餘年不應復有趙瑞之圖其爲訛謬可知又通志名宦志載熙甯二年己酉鄉試蘇方叔高無黨彭襄皆萍鄉人攷科目志熙甯間解試並無三人姓名通志云宋解試無定額錄多不存然則此三人之不載

蓋失之也又攷嘉定志載熙甯初學池中忽生芙蓉一本三花是歲郡發解貢士四人而萍鄉居其三則隆興元年進士四人之說殊誤熙甯二年解試三人之說當確今於選舉志內補載之

元符二年縣東白露坑忽隕石聲如雷形如羅漢　建炎三年火隆興二年縣署淩波亭梁上產瑞芝易名瑞芝之亭　乾道六年學宮成夜有金燈如星照於殿閣　湻熙九年夏五月不雨至於秋七月　十四年旱　慶元六年龍見縣城西南如願塔夏五月庚午越庚戌大水壞民廬害禾稼

元順帝至元四年瑞蓮生鳳凰池一本三花連跗異萼二十五年

秋八月嘉禾生進於朝

明宣德五年夏縣署後池蓮數花並蒂　宏治七年雨雪嚴寒林木枯摧行人多凍死　正德元年秋七月大水四年旱鄉民奪糴竹生花結米可食　嘉靖十二年夏四月大水高丈餘壞民廬　隆慶元年夏五月縣學榴花連理　萬歷四年金鼇洲擁白沙首尾數尺六年春三月大水害禾稼十三年夏縣署後池蓮多並蒂十六年夏六月蛟起大水壞民廬人多壓死文廟圮十八年夏不雨秋大疫有虎五入城　崇禎四年夏地震屋瓦皆動十一年夏大水十四年秋大水十五年饑夏五月十五日大水人民漂沒田禾盡淹十六日萍實橋圮十六年夏五月大

旱邑令不爲意六月朔民束稿禾塞於堂向午始散雨雹大如
拳十七年有虎五入城
國朝順治三年夏秋大旱百餘日四年春大水歲歉米一石值金
十餘兩黃金賤如鏐細綺衣升米可易疫痢交作饑饉洊臻食
野草啖糠秕有殺人賣其肉者七年饑八年旱穀價昂九年饑
十一年秋蟲食禾十三年夏秋大水十八年春三月初六日大
雨雹積地如阜民居半毀二晝乃消　康熙元年夏大水淹田禾
盡淹船可入城秋大旱三年大旱四年夏大旱無禾七年大水
八年冬冰雪嚴寒大樹皆折九年大旱無禾冬風雪甚禽鳥斃
覆行人多凍死十年秋旱蝗十一年饑十四年夏四月天鼓震

十八年夏大疫五十三年冬十一月冰結四十有八日深尺餘雍正六年夏六月不雨秋霖七年夏六月大雨雹　乾隆六年秋大水蘆溪宗濂橋圮十三年春不雨秋饑二十九年歲歉明年平糶三十五年夏五月大水縣東觀化鄉虎三出噬人三十六年夏六月大水壞田宅死者四十三人萍實橋圮三十九年虎頻見噬四十八四十三年歲歉明年平糶四十五年夏秋不雨四十六年歲太熟四十九年夏五月大水二十一日蛟起壞田宅東境死者甚衆　嘉慶六年夏穀價昂饑民奪食紳士請於縣平糶七年夏五月不雨至於秋七月十三年閏五月饑穀價昂紳士請於縣設粥厰三凡二旬餘新穀登乃已先年本歲稔本年米

貴以東西兩河撥運大甚故也是月大水大虹橋圮一角二十五年秋旱 道光二年四月大水亨泰橋石欄圮六年六月二十六日蛟起大水壞田宅無算死者以萬計城圮數百餘丈八年三月初六夜大風屋瓦飄墮大木拔折是歲大祲九年四月穀價昂饑民奪食十一年七月十四十五十六等日日出無光其色碧綠十五年夏秋大旱赤地百里十六年夏五月不雨至於十月二十三年三月初八夜大風拔木雨雹大如拳二十五年二月十六日大風雨雹新輯 咸豐三年六月九月淫雨害稼七年秋飛蝗蔽日捕逐後蝻子蠕動經縣收買乃盡是歲禾稼受害八年夏蝗不為災新輯 同治二年春正月大雪木冰八年春二月十七日地震

屋瓦皆動二十八日晝晦夏五月大水壞田廬橋梁九年夏大水漂沒田廬穀價昂饑民奪食秋旱九月二十九日大雷雹風雨雹新輯

【民国】昭萍志略

劉洪辟纂修

民國二十四年(1935)活字本

祥異

楚昭王渡江、江中有物、大如斗、圓而赤、直觸王舟、舟人取之、王大怪之、遍問羣臣、莫能識、王使聘於魯、問於孔子、孔子曰、此所謂萍實者也可剖而食之吉祥也惟覇者爲能獲焉使者返王遂食之大美久之使來以告魯大夫大夫因子游問曰夫子何以知其然曰吾昔之鄭過乎陳之野聞童謠云楚王渡江得萍實大如斗赤如日剖而食之甜如蜜此楚王之應也吾是以知之家語

按家語本文未著年號而萍鄉舊志前志必實之以魯定公四年且云卒復國啟霸是必以渡江在吳師入郢昭王出奔之時於是疑者援引左傳謂王奔隨返國無渡江事夫萍鄉於春秋時屬楚本國之地安知不有時一至而必魯定公四年乎夫子以爲霸徵豈必以返國時爲霸而他日遂非霸乎

又范石湖疑其去江大遠據隋書地理志萍鄉有宜春江考古錄南人凡水大小皆曰江則昭王之得萍實不必大江明矣

五代周顯德時城南梵林寺祥光忽見累日不散聞於朝賜額寶積寺

宋熙甯二年春縣學泮池芙蓉盛開一本三花是歲郡發解進士四人萍鄉居其三蘇方叔高無黨彭襄也

按通志載隆興元年春萍鄉池蓮一本三花是年袁非發解進士四人萍鄉居其三州守趙瑞爲圖攷選舉志隆興元年無鮮試府志載郡守趙瑞係大觀時任曾圖大觀四年府學

泮池之瑞蓮迄於隆興已隔六十餘年不應復有趙璘之圖其爲訛誤可知又通志名宦志載熙甯二年己酉鄉試蘇方叔高無黨彭襄皆萍鄉人攷科目志熙甯間解試並無三人姓名通志云宋解試無定額錄多不存然則此三人之不載蓋失之也又攷嘉定志載熙甯初學池中忽生芙蓉一本三花是歲郡發解貢士四人而萍鄉居其三則隆興元年進士四人之說殊誤熙甯二年解試三人之說當確今於選舉志內補載之

元符二年縣東白露坑忽隕石聲如雷形如羅漢 建炎三年火

隆興二年縣署凌波亭梁上產瑞芝易名瑞芝亭 乾道六

年學宮成夜有金燈如星照於殿閣　淳熙九年夏五月不雨至於秋七月　十四年旱　慶元六年龍見縣城西南如願塔夏五月庚午越庚戌大水壞民廬害禾稼

元順帝至元四年瑞蓮生鳳凰池一本三花連跗異蒂　二十五年秋八月嘉禾生進於朝

明宣德五年夏縣署後池蓮數花並蒂　宏治七年雨雪嚴寒林木枯擢行人多凍死　正德元年秋七月大水　四年旱鄉民奪糶竹生花結米可食　嘉靖十二年夏四月大水高丈餘壞民廬　隆嘉元年夏五月縣學榴花連理　萬曆四年金鰲洲擁白沙首尾數尺　六年春三月大水害禾稼　十三年夏縣

署後池蓮多並蒂 十六年夏六月蛟起大水壞民廬人多壓死文廟圮 十八年夏不雨秋大疫有虎五入城 崇禎四年夏地震屋瓦皆動 十一年夏大水 十四年秋大水 十五年飢夏五月十五日大水人民漂歿田禾盡淹十六日萍實橋圮 十六年夏五月大旱邑令不爲意六月朔民束稿禾塞於堂向午始散雨雹大如拳 十七年有虎五入城

國朝順治三年夏秋大旱百餘日 四年春大水歲歉米一石值金十餘兩黃金賤如鏐紬綺衣升米可易疫癘交作飢饉洊臻食野草啖糠粃有殺人賣其肉者 七年飢 八年旱穀價昂九年飢 十一年秋蟲食禾 十三年夏秋大水 十八年

春三月初六日大雨雹積地如阜民居半毀二日乃消　康熙元年夏大水田禾盡淹船可入城秋大旱　三年大旱　四年夏大旱無禾　七年大水　八年冬冰雪嚴寒大樹皆折　九年大旱無禾冬風雪甚禽鳥巢覆行人多凍死　十年秋旱蝗十一年飢　十四年夏四月天鼓震　十八年夏大疫　五十三年冬十一月冰結四十有八日深尺餘　雍正六年夏六月不雨秋霖　七年夏六月大雨雹　乾隆六年秋蘆溪宗濂橋圮　十三年春不雨秋飢　二十九年歲歉明年平糶　三十五年夏五月大水縣東觀化鄉虎三出噬人　三十六年夏六月大水壞田宅死者四十三人萍實橋圮　三十九年虎頻

見噬四十人　四十三年歲歉明年平糶　四十五年夏秋不雨　四十六年歲大熟　四十九年夏五月大水二十一日蛟起壞田宅東境死者甚眾　嘉慶六年夏穀價昂飢民奪食紳士請於縣平糶　七年夏五月不雨至於秋七月　十三年閏五月飢穀價昂紳士請於縣設粥廠三凡二旬餘新穀登乃已（先年本歲儉本年米貴以東西兩河搬運大甚故也）是月大水大虹橋圮一角　二十五年秋旱　道光二年四月大水亭泰橋石欄圮　六年六月二十六日蛟起大水壞田宅無算死者以萬計城圮數百餘丈　八年三月初六夜大風屋瓦飄墮大木拔折是歲大祲　九年四月穀價昂飢民奪食　十一年七月十四十五十六等日日

出無光其色碧綠　十五年夏秋大旱赤地百里　十六年夏五月不雨至於十月　二十三年三月初八夜大風拔木雨雹大如拳　二十五年二月十六日大風雨雹　咸豐三年六月九月淫雨害稼　七年秋飛蝗蔽日捕逐後蝻子蠕動經縣收買乃盡是歲禾稼受害　八年夏蝗不爲災　同治二年春正月大雪大冰　八年春二月十七日地震屋瓦皆動二十八日晝晦夏五月大水壞田廬橋梁　九年夏大水漂沒田廬穀價昂飢民奪食秋旱九月二十九日大雷電風雨雹　光緒九年春正月天大寒凍結四十餘日竹木壓折大樹多僵仆　十年秋彗星見東北十餘日乃隱　十三年夏大水低處田禾多受

損、十四年春夏之交、民大飢、聚衆奪食、鄉各練團自衛、縣署後青蛙出見、知縣俞致中被謫、十七年春三月、天大雷電、以、風霹靂一聲、赤山市拱辰塔頂層擊碎、吹落田隴中、下層方塊大石洞開一大孔、塔身裂直痕二三丈、十八年秋八月朔、天大寒如冬令、晚稻穀赤不實、二十三年夏大旱、至冬十月方雨、江水斷流、晚稻盡枯、赤地百餘里、顆粒無收、二十四年春夏大飢、邑民掘草食卉、朝不保夕、各鄉有聚衆奪食者、賴邑紳羣起救濟、得以保全、二十六年秋、邑中瘟疫瘡疾大作、幾無人不染、重者死亡相繼、三十三年春二月、大風拔禾、有某屋後大樹被風扳落、屋前屋幸不損、其他傾牆落瓦者甚多、宣統元年夏五月初六日午後大雨傾盆楊岐山左右陵谷爆裂水從隙中湧出如天河倒瀉分爲二派一由南源芀田溢出一由流源沖秋江溢出滙集栗江勢甚洶湧濱河一帶橋梁民屋多被衝圮淹斃男女及牲畜甚夥二年秋彗星見地震起自東南屋瓦皆鳴踰嶺過抹振振有聲

【嘉靖】九江府志

（明）馮曾修　（明）李汎纂

明嘉靖六年（1527）刻本

彭澤

分野

按禹貢淮海維揚州九江在荆揚之間春秋爲吳楚之地漢天文志斗江湖牽牛婺女楊州地理志吳地分九江豫章屬焉晉志則自南斗十二度至須女七度爲星紀於辰在丑國則吳楚州則維揚又析斗女分九江入斗一度豫章入斗十度今本郡間荆揚之域隸吳楚之地而隣聯豫章實斗分而入數一度也

祥異

漢建武二十四年九江多虎大蝗時宋均爲守虎北渡江蝗至九江界者輒飛去

國朝成化元年六月暴風府城屋瓦皆飛

成化二年小孤北岸崩三餘里壞民居數百

成化十年大水街市可通舟楫

成化十四年大飢斗米銀二錢

成化十六年六月十八日湖口縣上鐘山崩

成化十七年彭澤縣大疫民死甚衆

弘治元年廬山芝草盛生其間有一本十餘莖者

弘治四年六月雹大如鷄子

弘治七年大水封郭洲羅公池岸崩五里許

弘治十四年大水

弘治十五年虎入市四月二十一日入市是年廬山東林寺至圓通寺傷百餘人知府周津募獵户擒之設祭城隍其文曰憶昔蝗食人食多矣姚相國走使顙神以火之也鱷食人多矣韓文公竭誠顙神以馴之也二公爲民捍患神力呵護若此也我 國家城隍有廟所以神其呵護齊民之

功配食灌嬰所以擬其誅鋤強暴之功也惟神晶明靈應水土之利允可以福我齊民者無不用也水土之害凡可以禍我齊民者無不去也況一虎患而何有不爲也要之神無私私于德故也竊念斯土千餘年而爲守者宋均也均實能退奸貪進忠善方去檻穽而虎自遠也後均千餘年而爲守者津也勉均徭役去苛政曰闢林木而虎以熾也或者謂均之偶然與何津之不偶然也是必不職之致然也抑豈時之未久而力之不及與何神之不鑒我心也我心有咎可坐以罪齊民不辜可惠以福也神其旌別之無使寅神之肆毒我疆境也孔子曰苛政猛於虎也今猛虎之於苛政尤甚也適匝一二月耳噬臍百餘民命也欲効去穽故事耶恐坐譏於畫虎也敬獻以人殺人尚有典刑以毆殺人獨可原宥也敢募獵士以擒之用張我　國家之威尚賴神力以佐之庶無負我人民之望也

弘治十七年六月霖雨十日廬山蛟出無算岩石崩
卸數十處
正德元年大水
正德八年冬彭蠡湖口氷合可通人行
正德九年八月朔日食之既晝晦星見鷄犬驚鳴
正德十四年府城黑氣一月始散自廬山遠視如煙
罩然是年六月十八日逆濠遣賊陷城
正德十五年九月初二日暴風龍開河小港女兒港

壞船數百溺死商人無算

嘉靖元年大水

嘉靖五年正月赤氣横境是年旱井泉皆涸五月十五日虎入市

嘉靖六年大水

（清）達春布修　（清）黄鳳樓、歐陽燾纂

【同治】九江府志

清同治十三年（1874）刻本

九江府志卷五十三

祥異

漢

高祖六年灌嬰築城湓浦口建安中孫權經住此城自標作井地遂得故井中有銘石云漢六月潁陰侯開此井卜云三百年塞塞後不廋百年當爲應運者所開權見銘欣悅以爲己瑞

廬山崇聖院生芝之九本荆江二州界竹生實如麥

光武建武二十四年九江虎傷人飛蝗徧野宋均爲守虎北渡蝗悉出境

後主建興九年十月江陽至江州有烏從江南飛渡江北不能達墮水死者以千計

東晉

顯宗咸和四年廬山西大巖崩

烈宗太元六年大水飛蝗從南來集江州界害苗稼

十一年八月白烏集江州寺庭羣烏翔衛

南宋

太祖元嘉十七年十月潯陽宏農祐幾湖芙蓉連理

二十四年三月潯陽甘露降四月又降

二十八年木連理生柴桑七月潯陽柴桑菽粟旅生瀰漫原野

世祖大明元年四月白雀見潯陽五年五月又兩見

南齊

太祖建元初延陵季子廟井内浮木簡長尺廣二寸有字隱起曰廬山道士張陵拜謁木堅白字黃

南梁

高祖太清三年七月九月大饑人相食

南陳

世祖天嘉五年正月江州湓城火燒三百餘人

唐

元宗天寶末有韋長史虛舟寓於廬山瀑布泉時夏月多雨見瀑布之中流出一桃葉闊五寸長一尺二寸

代宗大歷七年二月江州江溢

憲宗元和九年大水害稼

宋

太祖建隆二年湖口邑前沙洲忽圓明年邑人馬適狀元及第

太宗淳化元年六月江州水溢二丈八尺

真宗大中祥符四年四月瑞昌縣民李讓家篁竹一本去地五

尺許分爲二𦍑知州范應辰以聞七月江州水漲害民田壞州城江州知軍州王文震獻芝草

高宗紹興初朱勝非出守江州過梁山龍入其舟纔長數寸赤背綠腹白尾黑爪甲目有光四年江州水

二十五年湖口縣赤龍橫水中如山寒風怒濤覆舟數十溺死者衆

二十七年大水

孝宗乾道七年江州自夏迄冬不雨八年江州饑人民采葛而食詔罷守臣章騂是年柴桑陶委天家樹連理

淳熙二年馬當山羣狐掠人

七年自七月不雨至于九月秋螟八月大旱饑

十四年五月旱至于九月秋螟

慶元元年五月九江大雨五晝夜江流暴溢雞犬畜產悉皆漂

蕩

嘉定七年正月庚辰放燈黑雲起暴風忽作遊人相蹂死者

衆

十七年冬暴風壞戰艘數十

元

成宗大德十年正月湖口縣民方丙妻一產四男

武宗至大二年江州水民饑詔賑糧

仁宗元年江州路水發廪賑

英宗至治元年四月霖雨

泰定帝泰二年二月江州饑

文宗二年江州諸縣饑總管王大中貸富粟以賑貧民而免富雜徭以爲息約年豐還之是歲也饑而不害

順帝元統二年江州饑

明

英帝正統十四年湖口上鐘石裂蘇軾記石刻仆於水

憲宗成化元年六月暴風府城屋瓦皆飛

二年小孤北岸崩三里餘壞民居數百

十六年六月湖口縣上鐘山石崩

十七年彭澤水疫民死甚眾秋德安大水崩山改川

孝宗宏治元年廬山芝草盛生有一本十餘莖者

四年六月雹大如雞子

十五年虎入市廬山東林寺至圓通寺傷百餘人

十七年六月廬山有聲隆隆鳴三日夜又驟風震電晦冥大雨

如洼平地水高丈餘蛟出無算石崩數十處

武宗正德九年八月朔日食既晝星見雞犬鳴吠

十四年春地震府城黑氣彌月遠視如煙草然六月宸濠遣賊陷城

十五年九月暴風龍開河小港女兒港壞舟數百溺死商人無算

世宗嘉靖元年大水九月德安縣地震有聲如雷

五年正月赤氣橫境是年旱井泉皆涸五月德化虎入市

十二年五月德安大水舟行市本年復旱

二十年四月德安雨雹大風拔樹

二十三年夏四月不雨至秋九月

二十四年大饑七月雨雹

二十九年五月五老峯下出蛟以數百計

二十年春山南北虎多羣行又有獸似虎而大毛披拂被體如馬鬣喙尖能與虎異甚彪也二日而殺十七八

穆宗隆慶五年十月夜半天鼓三鳴

六年德化封郭三洲大水彭澤大雨雹

神宗萬曆元年四月朔日食既晝晦秋德安洪水縣漲漂鄉市

十二年彭澤塌毛洲地出火焚烈有聲投薪即炎七日夜乃滅

十六年大旱

十七年大饑次年仍饑知縣謝廷訓截船糴米饑而不害

二十年至天啟三年桑落洲岸崩十餘里壞民居無數遷徙不定民苦之

三十六年大水城中水深數尺以舟楫往來

三十九年四十年四十一年大水嚙隄

四十二年廬山蛟出不次有虎入天池寺傷數僧

四十三年羣鼠渡江而南食禾廬山東林寺白蓮復生

四十六年四月昏流星西墜大而有聲

四十七年德化馬回嶺連理木生湖口曹文野之妻十二男

光宗泰昌元年秋辰星不見

熹宗天啟元年正月大雪四十日虎獸多飢死

二年秋蛟出太平宮嶺毀宮角圯橋奔沙數里

三年五月大雨雹六月朔瑞昌華嶺山崩塞水口其故地遂爲深淵有巨魚游泳人皆見之七月熒惑入守斗口九月乃退八月太白入月蝕十二月太白晝東見

四年正月日濛如溶初赤既白如月

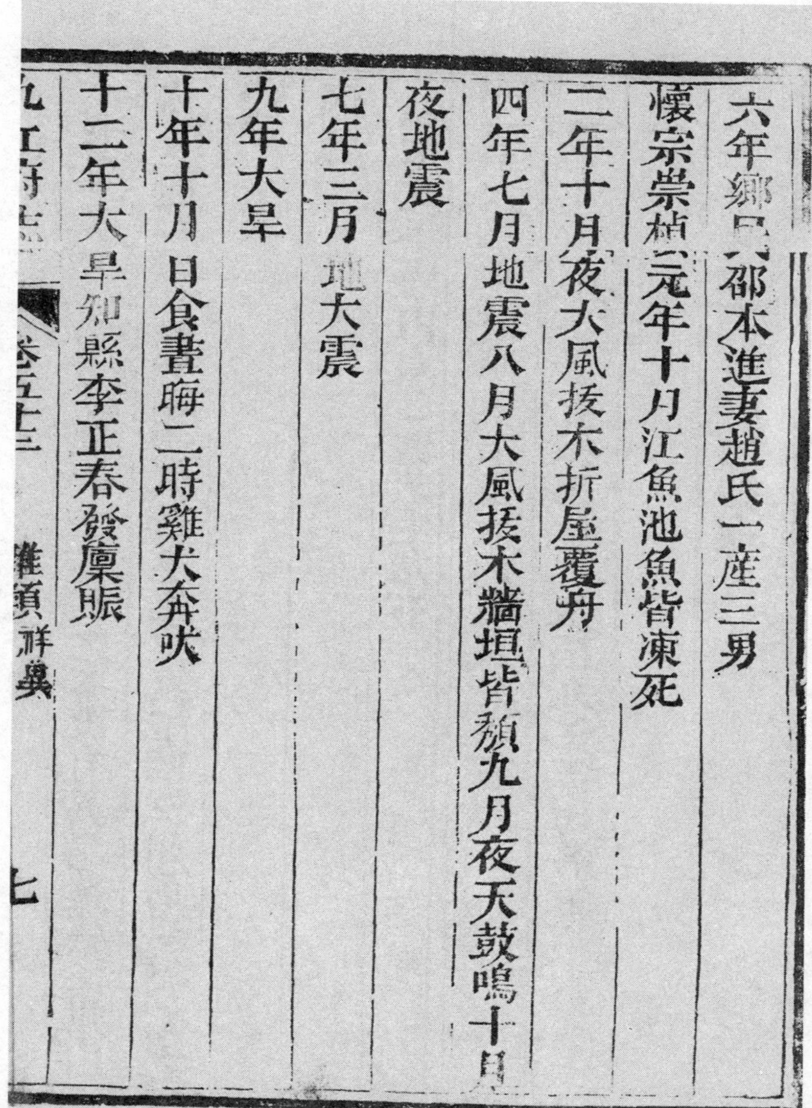

六年鄉民邵本進妻趙氏一產三男

懷宗崇禎元年十月江魚池魚皆凍死

二年十月夜大風拔木折屋覆舟

四年七月地震八月大風拔木牆垣皆頹九月夜天鼓鳴十月夜地震

七年三月地大震

九年大旱

十年十月日食晝晦二時雞犬奔吠

十二年大旱知縣李正春發廩賑

十六年賊破湖廣浮屍蔽江水爲之不流有異鳥叢集江州山林遍覆大如鵁鶄通體俱白遂兆左良玉陷江州屠戮焚燬之變

國朝

順治元年廬山太乙觀芝生九本

三年大旱米價湧貴石值六兩人民死者甚眾

五年江西總兵金聲桓王德仁叛陷九江征南將軍譚泰之

六年正月十一日晝晦如夜

八年虎入湖口城

九年三月夜地震有聲夏旱

十二年湖口鄉民李茂華妻謝氏一產三男

十八年六月府城西門外火災燬屋九百三十六家男婦老幼焚死二百餘人避火入水溺死者百餘人

康熙元年大旱百餘日

二年大水潰隄數處禾黍盡没

三年十月彗星見於西南月餘乃散

七年六月夜地震有聲五邑皆同秋七月廬山蛟龍遍起水没

僧民七八十人壓田千頃僧舍民房不計其數十月夜流星起於東北轟然有聲光芒閃爍如炬

八年旱知府陳謙德化知縣張康午請禱是歲羣虎食人

十年五月不雨至十二月始雪泉澗皆枯道殣相望民鬻子女者無算流亡者十之七知府江殷道南下車委官各廟觀煮粥全活老幼數萬人藩司劉公親賚帑金遍賑

十五年六月景星湖夜半放光數十炷每一光起漸漸熒如玉高至六七尺乃散

十九年十一月長星見西方如練起女虛入奎凡四十日

二十年八月彭澤地震有聲十月彗星東西竟天彌月乃散

二十一年八月彗星見於角亢於房經月乃滅

二十四年大風折木城內石坊多頹民廬傾者無算

二十九年九月瑞昌地震自北而南轟轟有聲十月德安地震有聲如雷

三十一年大水嚙隄

三十二年夏大旱

三十三年大水封郭二洲隄潰禾黍盡漂德化知縣甯維邦寬徵捐賑二鄉飢而不害

三十九年二月瑞昌地震

四十七年夏大水秋旱穀米騰貴時知府朱儼署糧道纂德化知縣張近光備情上請因運糧米壹千二百石於潯減價出糶又設粥廠二所一在鈔關舊署一在江北關聖廟五邑俱設廠施粥全活甚衆

五十一年瑞昌大有年

五十三年虎入市文武官率兵民殺之被傷者三人

五十四年冬湖口江凍舟楫不通米價湧貴

五十五年夏大水湖邑舟達治廳

五十七年元日雨冰厚數尺竹木摧折鳥獸凍死

六十一年二月雨雹大如桃李

雍正四年夏大水冬始退十二月湖口地震

五年三月大雪秧種俱壞穀價湧貴巡道劉均乞糴川湖減價

出糶存活甚衆秋大有年

六年四月雨五穀如火炙狀內有木棉桃大如豌豆八月湖口

耤田產瑞禾一莖四穗是歲大有年

十年秋七月德安安福太平等十七堡山水陡發被災者共四

百九十九戶漂屋九百一十八間男女大小溺死五名巡撫謝

旻題請賑銀八百一十六兩

乾隆元年大有年

八年正月苦雨穀價昂貴人或掘土而食巡撫陳宏謀乞糶川省存活甚衆三月苦竹生實如米

十一年三月大雨雹

十五年四月彭澤大雨雹重有三十餘觔者

十七年春苦雨米價騰貴巡撫鄂　題請發賑

十九年大有年

二十一年大水湖口知縣郭承緒以州民被水斗米三錢詳借

關義倉穀照社穀例秋成加一息交倉

二十四年秋七月彭澤金剛料大雨雹損傷棉苗

二十九年大水歷所未有德化湖口彭澤詳請借給籽種彭澤知縣潘廷颺向鄉城富戶勸捐米石散給凡被水者多沾惠焉

三十年彭澤大水

三十一年廬山出蛟大水彭澤知縣高倘禮詳請辦賑

三十二年大水奉文賑濟緩征借給籽種

三十三年三月下雨雹大木多被風拔夏大水民多災疫奉文賑濟

三十四年大水十二月彭澤地震

三十五年五月郡城蛟出延支山水深數尺城竇多圮

三十六年秋冬大旱塘堰俱乾居民淘井丈餘無水或汲數里之外

四十三年夏旱

四十六年夏秋大旱高處田畝無收湖邑散給農民穀

四十八年大水

五十年夏大旱由冬及春大荒石米四兩有奇蕨根樝皮食盡平糶倉穀是年德安大旱赤地無收民食榆蕨并有食土者

五十一年八月夜二更天西南忽裂開丈餘光焰如爐火旋變黃色纔又白色逾兩時漸收合

五十三年秋大水封郭洲隄潰近居民房坍塌田地無收奏文賑濟并給銀修理房屋錢糧緩徵災甚者蠲免

五十四年瑞昌民周金萬妻陳氏一產三男詳奏題旌賞給米石布疋

五十七年大水民多疫洲民被患借給籽種

五十八年洲鄉被水借給籽種

五十九年春荒米價貴

六十年彭澤冬春木冰樹枝多折

嘉慶四年六七月蝗蟲入境湖口彭澤禾稼多傷

五年德化民馬復妻吳氏一產三男彌月存活詳奉咨題賞

給米五石布十匹

六年正月大雪平地深數尺大有年

七年夏大旱四越月不雨豆穀無收石米四兩有奇蠲免錢糧

十分之一其蠲剩錢糧分作兩年帶徵借給籽種口糧

九年夏連日大雨江湖水漲田多被淹借給籽種口糧無力完

者奉文豁免

十一年有年

十二年大有年

十三年大水冬湖口郭家口洲有洞出火燃薪可炊半月息

十四年四月二十六日彭澤雨雹大者如雞卵傷苗稼無數七月大旱夜有紅光似電闊數尺蜿蜒自北而南有聲

十五年大有年湖口鄉民黄疇衍妻蔡氏一產三男

十六年五月彭澤十二都株木沖夜二更蛟起山石崩落如雨村舍漂沒無數男女溺斃者十六人知縣秦樹慶捐廉賑濟收尸瘞之有老婦年五十餘隨水漂數里亂石衝撞不死亦異事

也是年彗星見光長丈餘自夏初至秋末没

十七年八月初五日廬山東北九峯一帶蛟出三百餘頭田禾被淹民屋間有損壞尚未成災

十八年夏大水秋冬不雨塘堰皆涸有掘地丈餘不得泉汲水數里外詳准緩徵

十九年正月大凍樹木皆折歲歉斗米四百八十文十一月大雪長江皆結厚冰

二十年歲歉同前是年七月十九日廬山龍歸黑龍潭廬山爲棚戶墾荒諸潭龍入不藏九江知府方體德化知縣鄒文炳驅

棚戶而廬山草木得以休息未幾黑龍潭龍歸

二十一年二月大雪厚數尺夏初彭澤雨雹菜麥無存合郡大雨彌月洲地低田無收斗米三百八十文湖口八月二十日鄉民吳紹榮妻時氏年四十五歲初胎一産三男

二十二年正月初五日德安下坦湖蓮花山胡姓塋前有白雉成羣繞樹飛鳴竟日乃去五月郡西門外趙公橋邊失火延燒至新街巡道任蘭祐示諭拆屋截救旋即賞卹拆屋之家共銀九十兩其被火之家知府朱棨捐銀二百餘兩知縣鄒文炳捐銀百餘兩各加撫卹六月連日大雨德化德安蛟水陡發德化

尤甚白鶴甘泉楚城等鄉沖壞民屋一千餘間沖壓民屯田七百餘畝巡道任蘭祐捐恤各窮民銀三百七十餘兩知府朱榮知縣鄒文炳復各捐銀撫恤又詳請分別緩征豁免錢糧續奉

恩旨被水田畝本年應徵錢糧餘租緩至來年秋後徵收被水沖壓可以挑復田畝各戶酌借耔種其不能挑復田畝各戶借給一月口糧

續編

嘉慶二十三年大水隄潰

二十四年三月十四日彭澤大雨雹

二十五年大旱

道光元年瑞昌大有年

三年大水隄潰

六年三月初四日巳時湖口地震彭澤大有年

七年三月地大震自巳至午瑞昌有年

八年德安大有年

九年六月十七夜湖口天鼓鳴

十一年大水

十三年大水

十五年大旱蝗七月地微震瑞昌秋螟無穫

十六年秋瑞昌飛蝗蔽日

十九年正月彭澤地震

二十一年四月二十五日瑞昌地動有聲

二十二年十一月瑞昌大雨雹山谷填滿

二十四年瑞昌大有年

二十八年夏積雨江水暴漲郡地西門由舟出入

二十九年積雨街道水高齊屋檐惟東門八角市一隅無水脊間八角市亭上瓦隙忽生蘆葦數莖咸以水兆

三十年彭澤水門池塘倏高三尺芙蓉墩江岸出火可炊

咸豐元年德化張香亭妻劉氏一產三男湖口孫作羹妻曹氏一產三男三月瑞昌大雨雹山岡盡白秋有年

二年增築郡城濬外濠獲陳米數石色如墨入手粉碎六月六日未正瑞昌雨霰冬湖口桃李華十二月郡西官牌夾有大鼠啣尾渡江半日方盡

三年立冬前五六日瑞昌桃花放竹筍出十月初二日雨雹雷震

四年十一月初五日湖口池塘水沸一尺有奇

六年德化大旱自夏徂冬二百餘日不雨彭澤大有年七月德化東鄉譚家坂虎晝食人夜羣虎過村

七年六月十八日未刻仁貴西鄉有散錢無數蔽空飛自北而南琅璫震耳德安秦閔各山有紅毛犬數十成羣攫食耕牛

八年八月辛酉妖星見北斗之南長二丈餘芒指太微十二月二十三日彭澤四都鼓樓嶺居民斧柿樹中見天下太平四字波磔黑如漆徹表裏

九年秋湖口民張蕪彩家粟兩歧

十一年八月初一日卯正刻日月合璧五星聯珠十二月二十

六日連日大雪平地深近丈五縣同德安烏石門河冰堅厚可以行車

同治元年德安瑞昌有年彭澤二十五都禪步塘地上出火冬華口隴水躍高數尺

二年夏大旱

三年六月初一日瑞昌雨雹大如雞卵

六年九月初六日德化港口龍見雨冰如磚十月六日雷震瑞昌有年

八年夏大水冬湖口桃李華豺虎傷人

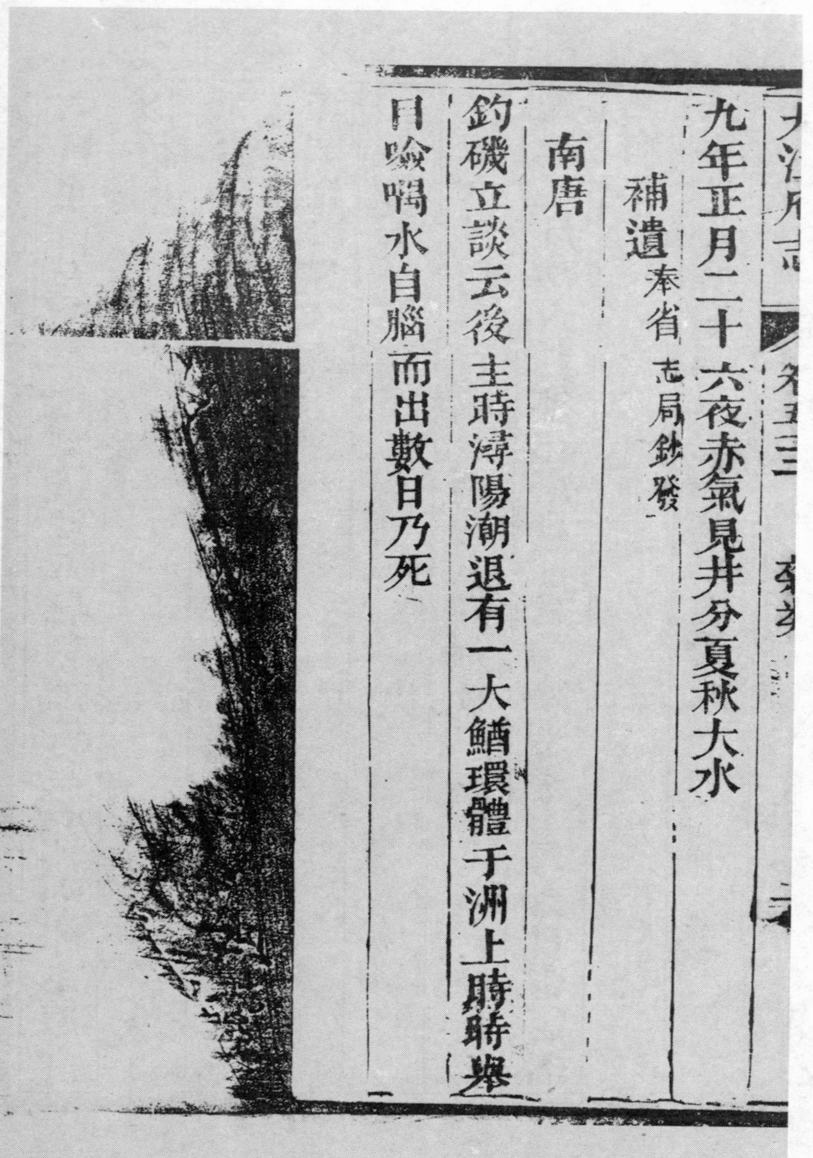

九年正月二十六夜赤氣見井分夏秋大水

補遺奉省志局鈔發

南唐

釣磯立談云後主時潯陽潮退有一大鰌環體于洲上時騎舉

月噞喁水自腦而出數日乃死

(清)陳鼐修　(清)吴彬等纂

【同治】德化縣志

清同治十一年(1872)刻本

德化縣志卷第五十三

知德化縣事高　植原輯　鄒文炳再輯
沈錫三補輯　陳　鼒續輯

祥異

（漢）高祖六年灌嬰築城湓浦口建安中孫權經此城自標作井地遂得故井井中有銘石云漢六年潁陰侯開此井卜云三百年當塞塞後不度百年當爲應運者所開權見銘欣悅以爲己瑞張僧鑒潯陽記

廬山崇聖院生芝九本荆江二州界竹生實如麥府志

光武建武二十四年九江虎傷人飛蝗徧野宋均爲守虎

北渡蝗出境

後帝建興元年十月江陽至江州有鳥從江南飛渡江北不能達墮水死者以千計府志

晉成帝咸和四年七月有星孛於西北犯斗二十三日滅占曰爲兵亂十二月郭默殺江州刺史劉允荆州刺史陶侃討默斬之文獻通考

廬山西大巖崩府志

成帝時劉胤鎮守潯陽有廻風從東來入胤船中狀如匹練長五六丈術人戴洋曰有刀兵死喪之亂頃爲郭默

所殺府志

穆帝永和四年熒惑入南斗犯第三星八月入太微斗爲

賁相爲揚州熒惑犯之爲兵喪其六年大將軍梁商薨

九江丹陽賊周生等反攻沒郡縣文獻通考

孝武帝太元六年大水五月飛蝗從南來集堂邑縣界害

苗稼是年春發江州兵營甲士三千人家口六七千配

護軍及東宮後尋散亡殆盡入邊將連有征役故有斯

孽

十一年八月白烏集江州寺庭羣烏翔衛府志

安帝五年尋陽地震

元興元年十月有客星色白如粉絮在太微西至十二月入太微占曰兵入天子庭二年十二月桓元篡位放遷帝后於潯陽三年二月劉裕盡誅桓氏 文獻通考

義熙五年正月潯陽地震有聲如雷明年盧循下 府志

(宋)文帝元嘉十七年十月潯陽宏農祈幾湖芙蓉連理 府志

二十四年三月潯陽甘露降四月癸未甘露降潯陽松滋丙申又降江州城內桐樹丁酉又降城北數里之中江州刺史廬陵王紹以聞

二十八年木連理生柴桑七月癸卯潯陽柴桑菽粟旅生瀰漫原野府志

孝武帝大明元年四月戊申白雀見潯陽五年五月癸未白雀二見潯陽江州刺史桂陽王休範以獻

前廢帝景和元年鄧腕在潯陽種柴花皆白白背也祥瑞志

後廢帝元徽五年四月己巳白雀二見潯陽柴桑祥瑞志

順帝昇平三年世祖遣人詣宮亭湖廟還福船泊渚有白魚雙躍入船祥瑞志

梁武帝太清三年七月九江大饑人相食府志

陳文帝天嘉五年正月乙酉江州湓城火燒死者三百餘八 府志

齊太祖建元初延陵季子廟井內浮木簡長尺廣二寸有字隱起曰廬山道士張陵拜謁木堅白字黃 府志

唐天寶末有韋長史盧舟寓於廬山瀑布泉時夏月多雨見瀑布之中流出一桃葉濶五寸長一尺二寸 府志

憲宗元和九年大水害稼 府志

宋太宗淳化元年六月江州水溢二丈八尺

雍熙中張君房寓廬山開先寺望黃石巖瀑布水中一大

紅蕖泛而下令僧行總取之乃紅蓮一葉長三丈餘闊一尺三寸君房因分此花葉遺好事者磨湯飲之其香經宿不散府志

七月江州知軍州王文震獻芝草府志

真宗景德間江州廬山崇聖院生芝九本知州王文震以獻

祥符四年七月江州江漲害民田壞州城

高宗紹興初朱勝非出守江州過梁山龍入其舟纔長數寸赤背綠腹白尾黑爪甲目有光

四年江州水府志

二十七年大水府志

孝宗乾道七年江州自夏迄冬不雨八年江州饑人民采葛而食詔罷守臣章騂是年柴桑陶委天家樹連理府志

淳熙七年江州大旱自七月不雨至於九月秋螟府志

十四年五月旱至於九月秋螟江州興國軍民廬山縣民白閭牛生二犢府志

慶元元年五月九江大雨五晝夜江流暴溢雞犬畜產悉皆漂蕩府志

嘉定七年正月庚辰放燈黑雲起暴風忽作遊人相踐死者甚衆十七年冬暴風壊戰艘數十 府志

元 武宗至大二年江州水民饑詔賑糧

仁宗元年江州路水發廩賑

英宗元年夏四月江州霖雨

泰定帝泰二年二月江州饑 府志

文宗二年江州諸縣饑總管王大中貸富粟以賑貧民而免富雜徭以爲息約年豐還之是歲也饑而不害 府志

順帝元統二年江州饑 府志

明憲宗成化元年六月暴風府城屋瓦皆飛 府志

孝宗宏治元年廬山芝草盛生有一本十餘莖者 府志

四年六月雹大如雞子 府志

十五年虎入市廬山東林寺至圓通傷百餘人 府志

十七年六月廬山有聲隆隆鳴三日夜又驟風震電晦明大雨如注平地水高丈餘蛟出無算石崩數十處 府志

武宗正德九年八月朔日食既晝星見雞犬鳴吠 府志

正德十四年春地震府城黑氣彌月遠視如煙罩然六月十八日宸濠遣賊陷城 府志

十五年九月暴風龍鬭河小港女兒港壞舟數百溺死商人無算府志

世宗嘉靖元年大水府志

五年正月赤氣横境是年旱井泉皆涸五月十五日虎入市府志

二十三年夏四月不雨至秋九月府志

二十四年大饑七月雨雹府志

二十九年五月五老峯下出蛟以數百計府志

三十年春山南北虎多羣行破山之下有獸似虎而大毛

披拂被體如馬鬣喙尖銜與虎異蓋彪也三日而殺十
七人府志

穆宗隆慶五年十月夜半天鼓三鳴府志

六年封郭三洲大水府志

神宗萬歷元年四月朔日食既晝晦府志

十六年大旱十七十八年大饑知縣謝廷訓截船糴穀饑
而不害府志

二十年至天啟三年桑落洲岸崩十餘里壞民居無數遷
徙不定民苦之府志

三十六年大水城中水深數尺以舟楫往來府志

三十九年四十年四十一年大水嚙隄府志

四十二年廬山蛟出不次有虎入天池寺傷數僧府志

四十三年羣鼠渡江而南食禾廬山東林寺白蓮復生府志

四十六年夏四月昏流星西墜光而有聲府志

四十七年甘泉鄉馬回嶺連理木生府志

光宗泰昌元年秋辰星不見府志

熹宗天啟元年正月大雪四十日虎獸多饑死府志

二年秋蛟出太平宮嶺毀宮角圯橋奔沙數里府志

三年五月大雨雹七月熒惑入守斗口九月乃退八月太白入月蝕十二月太白晝東見府志

四年正月二十八日漾如溶初赤既白如月府志

六年鄉民邵本進妻趙氏一產三男府志

懷宗崇正元年十月十八日江魚池魚皆凍死府志

二年十月二十四夜大風拔木拆屋覆舟府志

四年七月十八日丑時地震八月二十七日大風拔木牆垣皆頹九月十六天鼓鳴十月十六夜地震府志

七年三月地大震府志

九年大旱 府志

十年十月日食晝晦二時雞犬奔吠 府志

十三年大旱知縣李正春發廩賑 府志

十六年賊破湖廣浮屍蔽江水爲之不流有異鳥叢集江州山林遍覆大如鴕鵝通體俱白遂兆左良玉陷江州屠戮焚燬之變 府志

國朝順治元年甲申中廬山太乙觀芝生十九本 府志

二年四月左良玉陷江州屠戮男婦二十餘萬城郭盡燬 府志

三年大旱米價湧貴石值六兩人民死者甚衆　府志

四年六月十二驟雨震雹三日不歇山南北多出蛟　廬山志

六年正月十一日晝晦如夜　府志

九年三月夜地震有聲夏旱　府志

十八年六月府城西門外火災燬屋九百三十六家男婦老幼焚死二百餘人因避火入水溺死者百餘人客商焚死者甚衆　府志

康熙元年大旱百餘日　府志

二年大水潰隄數處禾黍盡沒　府志

三年十月彗星見於西南月餘乃散府志

七年戊申廬山出蛟數十由吳章山智林寺入鄱陽湖壞官舍民居甚多六月十六夜地震有聲五邑皆同秋七月七日廬山遍起蛟十月二十夜流星起於東北轟然有聲光芒閃爍如炬府志

八年旱知府陳謙知縣張應午請禱是歲羣虎食人府志

十年五月不雨至十二月始雪泉澗皆枯道殣相望民鬻子女者無算流亡者十之七知府江殷道委官各廟觀煮粥全活老幼數萬人藩司劉楗親賫帑金遍賑府志

十四年冬虎晝入城

十五年六月景星湖夜半放光數十炷每一光起漸漸瑩映如透靈冰玉高至六七尺乃散

十九年十月長星見西方如練起女虛入奎凡四十餘日

二十一年八月彗星見於角次於房經月乃滅

二十四年大風折木城內石坊多頹民廬傾者無算

二十八年春至夏不雨

三十一年大水嚙隄

三十二年夏大旱

三十三年又大水潰封郭二洲隄禾黍盡漂知縣甯維邦
寬徵捐賑二鄉之民饑而不害
四十七年夏大水秋旱穀價湧貴時知府朱儼署糧道篆
知縣張近光備情請因運糧米一千二百石於潯減價
出糶又設粥厰二所一在鈔關舊署一在江北關聖廟
施粥月餘民之存活者甚衆
五十三年虎入市文武官率兵民殺之被傷者三人
五十五年夏大水桑落封郭二洲民失業者多乞食於市
知縣張近光鳩工修隄

五十七年元日雨冰冰厚數尺竹木摧折鳥獸凍死

六十一年二月雨雹大如桃李

雍正四年夏大水冬始退

五年三月大雪秧種俱壞穀價湧貴巡道劉均乞糴川湖減價出糶鄉民存活者甚衆秋大有

六年四月雨五穀如火炙狀內有木棉桃大如豌豆秋大有

乾隆元年大有年

八年正月若雨穀價昂貴人或掘土而食巡撫陳宏謀乞

羅川省存活者甚衆三月苦竹生實如米

十一年三月大雨雹

十九年大有年

二十九年大水歷所未有

三十一年廬山出蛟大水

三十二年大水奉文賑濟緩征借給籽種

三十三年三月大雨雹大木多被風拔夏大水民多灾疫

三十四年大水

三十五年五月郡城蛟出延支山水深數尺城齎多圮

三十六年秋冬大旱塘堰俱乾居民淘井丈餘無水

四十三年夏旱

四十八年大水

五十年夏大旱由冬及春大荒石米四兩有奇蕨根樍皮

食盡平糶倉穀

五十一年八月夜二更天西南忽裂開丈餘光焰如爐火

旋變黃色繼又白色踰兩時漸收合

五十三年秋大水封郭洲隄潰近居民房坍塌田地無收

奉文賑濟并給銀修理房屋錢糧緩徵災甚者蠲免

五十七年大水民多疫洲民被患借給籽種

五十八年洲鄉被水借給籽糧

五十九年春荒米價昂貴

嘉慶四年六七月蝗蟲入境

五年鄉民馬復妻吳氏一產三男彌月存活詳奉咨題

給米五石布十疋

六年正月大雪平地深數尺大有年

七年夏大旱四越月不雨豆穀無收石米四兩有奇蠲免

錢糧十分之一其蠲剩錢糧分作兩年帶徵借給籽種

口糧

九年夏連日大雨江湖水漲田多被淹借給籽種口糧無力完者奉文豁免

十一年大有年

十二年大有年

十三年大水

十五年大有年

十七年八月初五日廬山東北九峯一帶蛟出三百餘頭田禾被淹民屋間有損壞尚未成災

十八年夏大水秋冬不雨塘堰皆涸有掘地丈餘不得泉汲水數里外詳准緩徵

十九年正月大凍樹木多折歲歉斗米四百八十文十一月大雪長江皆結厚冰

二十年歲歉是年七月十九日廬山龍歸黑龍潭廬山爲棚戶墾荒諸潭龍久不藏知府方體知縣鄒文炳驅棚戶而廬山草木得以休息未幾黑龍潭龍歸

二十一年二月大雪平地厚數尺

二十二年五月西門外趙公橋邊失火延燒至新街巡道

任知府朱知縣鄒捐銀於被火之家各加撫恤六月連日大雨蛟水陡發白鶴甘泉楚城等鄉沖壞民屋一千餘間沖壓民屯田七百餘畝復各捐銀撫恤又詳請分別緩徵

二十三年大水隄潰

二十五年大旱稻粱盡槁

道光三年大水驛路隄潰

五年三月初二暴風陡作長江覆舟無算府署頭門傾折

七年三月地大震自巳至午

十一年大水隄潰
十二年民多瘟疫
十三年大水王家埠隄潰
十四年大水丁字壩隄潰
十五年大旱蝗七月地微震
十六年旱蝗
十九年大水梅邑新開鎮隄潰
二十一年坐湖大水田禾無收
二十三年正月初四陡起狂風江船多被損壞七月二十

三日夜大雨邑黃水陡長丈餘至署居民升屋緣樓惶恐無措邑令濟昌率多役在城呼南門渡船入城救活甚衆並集衆開城水漸消

二十八年夏積雨江水陡漲郡城西門由舟出入季秋始落封郭驛路隄嚴家閘均潰七月十七至十九三日暴風大小民房盡被拆毀淹斃無數十月十五日陡起暴風大江上下覆舟無算次辰霧瘴漫天

二十九年積雨水浸街道高齊屋檐府縣兩署前浮舟以濟惟東門內八角市一隅無水春間八角市亭上瓦際

忽生蘆葦數莖咸以爲水兆五月初五大雨滂沱平地

水深數尺封郭合圍遂成澤國居民逃亡淹斃者無數

三十年江濱大水

咸豐元年儒士張香亭妻劉氏一產三男

二年增築郡城濬外濠獲陳米數石色如墨入手粉碎十

二月縣西官牌夾有大鼠無數啣尾渡江半日方盡

六年大旱自夏徂冬二百餘日不雨米糧騰貴是年七月

德化東鄉譚家坂虎晝食人夜羣虎過村

七年六月十八日未刻仁貴西鄉有散錢無數蔽空而飛

自北而南琅璫震耳衆皆見之

八年四月初六白虹貫日六月下旬盧山東南蘇箕凹龍潭一帶湧蛟水高丈餘冲壓濱澗田地十餘里處津梁多圮七月大蝗八月辛酉妖星見北斗之南長二丈餘芒指太微日行十餘度

十一年八月十五日卯初五星聯珠日月合璧十月水漲損隄牐盡大風雪三晝夜不止深丈餘行者殭斃湖凍舟膠冰排如山蔽湖而下山中老樹凍死

同治二年夏大旱升米錢文七十

三年六月十一大江風損舟無數大旱百日粟槁

四年三月暴風大作吹折　聖廟東西兩廡關署屏牆大江覆舟甚衆

六年五月既望大雨兩晝夜蜃山蛟起數十谿澗若江河石砡亦毀塌過半秋旱九月六日港口龍見雨冰如磚

十月六日雷震地損後六十日不雨

八年春苦雨菜麥灾自夏徂冬水漲二百餘日北岸隄潰民流冬旱十月初十夜天見火塊自北而南聲如裂帛赤光燭地

九年正月二十六夜赤氣見井分夏秋大水隄潰流民甚衆五月廿九戌刻大星隕於星張之次裂作數塊其光如燈十二月望立春是夜西風拔木

十年三月二十二大風雨龍過境廬山蛟起夏旱損禾

【同治】德安縣志

（清）沈建勛修　（清）程景周等纂

清同治十年（1871）刻本

祥異

宋淳熙四年自夏及秋水　八年春大饑人采葛而食

開禧中野蠶成繭

至治元年霧雨

泰定元年秋饑

明永樂十一年春饑

成化四年夏天雨粟雨雹

十七年秋大水崩山改川

二十三年夏四月不雨至秋八月

宏治元年大潦自三月至五月始霽

二年大熱　十七年秋七月大水

正德三年茶里李氏一產三男　七年十一月地震有聲

九年八月朔晝孛星見雞犬皆驚

十三年五月訛言兵至闔邑驚竄竟月乃止

嘉靖元年夏六月大水禾盡沒秋九月十五日地震有聲如雷

五年冬雨雪深五尺

十二年夏五月大水市可舟行

十三年旱

十六年大水

二十年四月雨雹　大風拔木

二十年夏四月不雨至秋九月

二十四年大饑七月四日雨雹

二十五年有秋

二十八年夏大水

二十九年夏五月大水小舟入城

三十年春茶里虎爲患

隆慶元年穀粟皆熟

五年十月夜半天鼓三鳴

萬歷元年四月朔日食晝晦　秋七月初一日水驟漂淌鄉市房屋

三年夏大風雨雹

五年九月彗星見十一月中沒

六年春正月至三月終連雨麥盡死

十五年旱

十六年戊子大饑斗米二錢

二十三年大雨雹

二十二年十二月地震

二十六年大水

三十八年冬桃有花

四十一二年俱大水

天啟三年正月地震

四年眞壇山內有鼓鳴與城門山相應

崇禎十六年大旱　亂傳兵洗通縣男婦逃走竟日乃休

十四年四月大水

十一年元旦晦如暮

十三年大旱

十五年仍大旱

十七年八月地震　左兵過縣擄掠婦女抵山十餘里九月初三夜本縣居民房屋及官府衙門舍焚燬殆盡

國朝順治四年五月不雨至十月

五年三月雨雹傷麥穀價每石二兩五錢

六年羣虎白晝傷人

十年十二月大雪深數尺各鄉取麂如拾芥

康熙九年大雷雨蛟龍互起烏石門五里墩崩入河行道阻絕

十年大旱禾稻盡槁人采蕨根拾菱莖以食巡撫董疏請蠲免賑濟

十一年六七月間螟蟲徧野其虫色黑長二三寸蚕稻下穗遲苗盡絕知縣姚齋戒建醮虫乃滅遲稻猶獲其半

春夏月星子多虎入人屋冬至本邑界白晝傷人有朱子禧登樹取木子虎跳躑上樹拏下噬之鄉民不敢樵采上市者十數人結隊乃行知縣姚齋戒七日陞祠設醮虎盡

遁去

二十一年大水

二十五年穀熟

二十九年十月十八日地震有聲如雷

三十二年旱自四月初二至七月十五始雨

三十八年五月大水七月虫荒九月雨雹

三十九年春水環壠農民得古銅鑪一枚

四十年大風拔木夏五月雷雹傷禾

四十五年夏旱五月初二有白龍見繆橋邑人聚觀

四十七年有秋

五十年有虎入城攫猪犬鄉村中撞門入室食男婦百餘人

五十五年正月烏石堡有虎白晝食人典史朱鼎臣率衆擊之虎應手而斃

五十六年春大饑人多食蕨

五十七年木坂堡有黑虎食人典史朱祈禱城隍設弩置阱是夜獲大虎重四百餘斤自後虎患漸止

五十九年庚子大有年

雍正五年大水

十年秋七月初十日安福太平等十七堡山水陡發被災

者共四百九十九戶漂屋九百一十八間溺男女大小五
名撫院謝　題請賑銀八百一十六兩零

乾隆元年穀熟

二年四月大雷雨夏秋旱

九年自正月至五月初四日乃得雨民始插禾後竟有秋

十一年五六月間彭山虎爲害至九月乃止三萬堡有程
氏子遥見其父在田爲虎所攫號泣奔至前徑從虎口奪
其父虎徉覩捨之而去

十七年春苦雨穀貴民多食蕨巡撫鄂　題請賑米一千
六百餘石

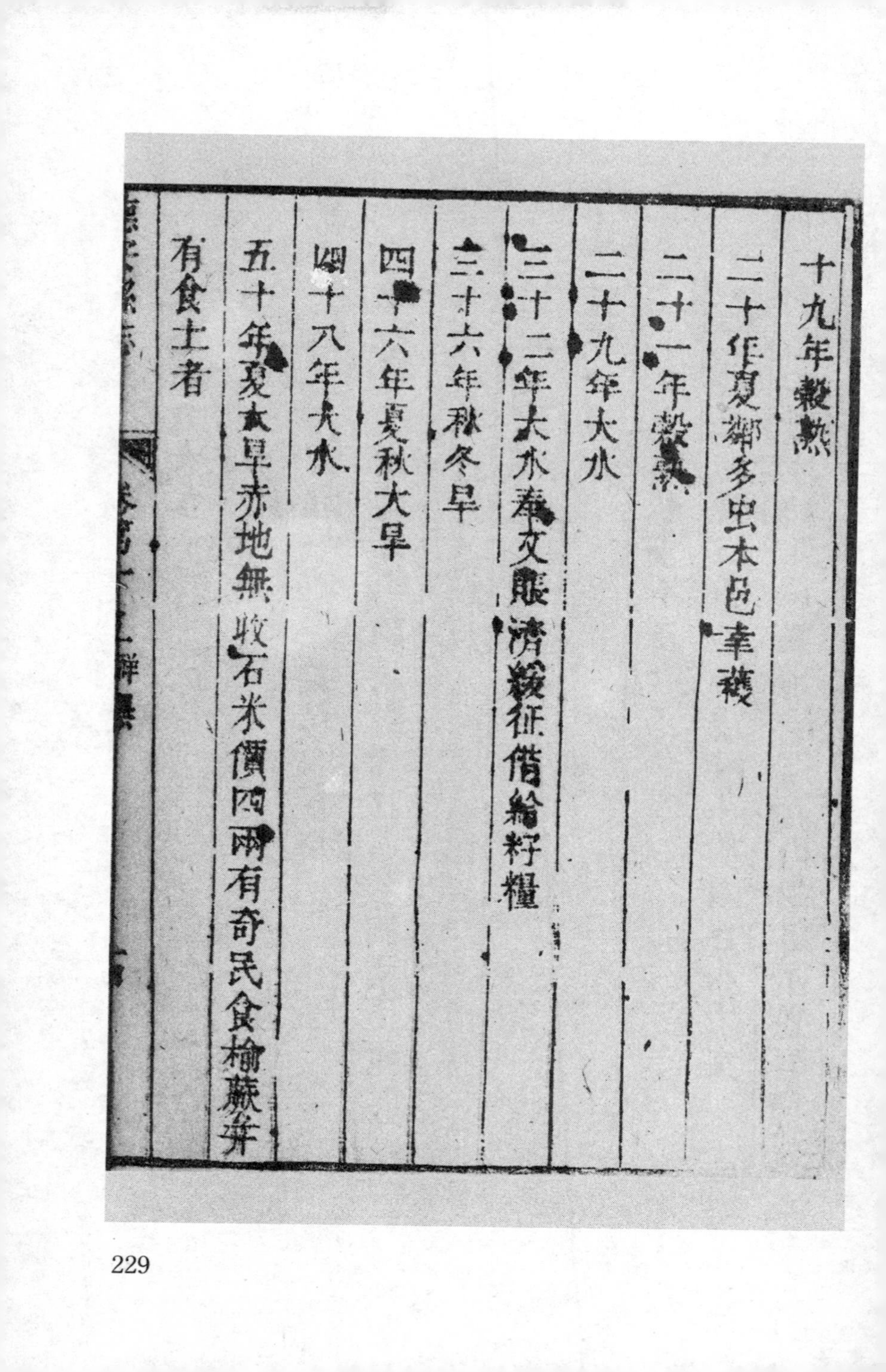

十九年穀熟

二十年夏鄉多虫本邑幸穫

二十一年穀熟

二十九年大水

三十二年大水春夏賑濟緩征借給籽糧

三十六年秋冬旱

四十六年夏秋大旱

四十八年大水

五十年夏大旱赤地無收石米價四兩有奇民食榆蕨并

有食土者

五十三年秋大水

五十九年春荒米價昂貴

嘉慶六年正月大雪平地深數尺大有年

七年夏大旱四越月不雨豆穀無收石米四兩有奇

十一年大有年

十三年大有年

十五年大有年

十八年夏大水秋冬不雨

十九年正月大凍樹木多折歲歉斗米四百八十文

二十二年正月初五日下垻湖邊花山胡姓塋前有白鶴

成羣繞樹飛鳴竟日乃去六月連日大雨蛟水陡發

二十五年夏旱禾稲多傷

道光三年大水南鄉民蒙　恩撫䘏緩征

四年有秋

八年大有年

十二三年大水民多飢每斗米五百文

十五年春夏大旱民採草根樹皮幾盡

十六年穀熟

二十一年大熟

二十三四年穀價昂貴

二十九年大水街市行船南鄉民房多漂

咸豐二三年歲熟

四年髮逆入境各鄉被蹂躪擄掠男婦竄縣城殺死居民竈戶計一千七百餘口

六年賊據縣城至十二月初八闘　王師到八里坡復退入九江是年大旱民被歲歉兵災而死者不可勝紀

七年秋七月飛蝗自德化入境是年秦閣山有紅毛犬數十成羣攫食耕牛

十年賊匪竄入瑞昌將過陳閣山東鄉團聚居民二千餘人堵剿始退

十一年十二月二十六日連日大雪平地深五六尺樹木凍折山麂多入民房烏石門河水堅厚可以行車

同治元年穀熟

三年小旱

七年南鄉水淹緩征

八年大水傷禾南鄉居民蒙　恩撫卹緩征

九年南鄉六月鬧水

論曰治世不言符瑞顧理所宜然不容遽畧詳于災祲者以寓規也夫金穰木饑會有運數堯水湯旱無累聖明然咨嗇在堂桑林有禱聖王且然矧乃司牧君子觀

于姚尹建醮而螟虫消朱射設機而虎患息信乎感應之理其不謬矣

（清）姚暹修　（清）馮士傑等纂

【同治】瑞昌縣志

清同治十年（1871）刻本

祥異

蔣志曰春秋書災異二百二十有二他如有年太有年之書尤不若六月雨爲善辭蓋責成人事之意耳則夫念用庶徵義存修省有志斯民者毋忽諸此

漢獻帝十三年周瑜破曹操兵於赤壁使程普駐兵瑞昌有赤烏飛集軍中千百成羣以爲祥瑞已而得捷始號赤烏鎮後定今名皆本於此

宋世祖治湓城瑞昌古名得五尺刀一十口應永明年歷之數

又得一大錢文曰太平百歲

陳天嘉五年正月乙酉江州湓城火燒死百餘人

宋祥符四年邑民李讓家筀竹一本去地五尺餘分爲二

埜知州范應辰以聞

乾道八年饑人采葛以食

淳熙七年自七月至九月不雨螟災歲饑

十四年五月旱秋螟

元至大二年饑詔發賑

神宗二年饑詔發賑

英宗元年夏四月霖雨

泰定二年二月饑

文宗二年饑總管王大中貸富民粟以賑而免富民雜徭以代息也

明成化十年大水

十四年大饑

十七年大疫

宏治七年夏大水

十四年秋大水

嘉靖元年春大水

六年夏大水

九年夏大水

十八年大水飛蝗蔽日

二十三年大旱無穫

二十四年春淫雨無麥虎入城

二十七年夏大水

三十五年旱

四十一年夏秋大水八月十五日水入城西方有聲如雷白氣布空成天公令三字

隆慶元年十月訛傳宮中索童女民間婚娶殆盡

五年旱

萬歷八年十月十一日大雪至正月樹木凍死大半荒村有凍餓死者

十一年旱無穫

十七年春大疫夏旱民死者十之二三

二十一年夏四月至六月不雨七月二十一日蛟龍並起水入城深數丈山溪室廬田地盡爲衝壓漂沒之屍相枕藉

二十五年冬大雪至明年三月牛馬凍死者過半

二十六年夏秋大旱無穫

三十二年十一月九日地震

三十三年四月二十五日地震縣西南尤甚五月淫雨南城崩淹沒田地十之六夏六月疫

三十六年夏五月霪雨水入城秋復大旱

四十八年霜降前三日雨雪

天啟元年冬十一月大雨雪至明年正月民有凍死者
二年夏四月兩日摩盪其一黑光自卯至辰初始滅如是者凡二十餘日
三年五月大雨雹六月朔顏溪山崩如削壓覆居民一村十餘戶今呼其地爲崩山七月熒惑入守牛口九月乃退八月太白入月蝕十二月太白經天
崇禎四年七月十八日地震八月大風拔木牆垣皆頹九月十六日夜天鼓鳴十月十六日夜地震
七年三月地大震
九年大旱
十一年十月朔日食晝晦約二時雞犬奔吠

十二年大旱

十四年冬大疫至明年夏四月民死亡幾半

十六年夏五月太白經天凡十餘日

國朝順治元年甲申夏旱

三年大旱米價湧貴石值六兩人民死者甚衆

四年春苦雨無麥道多餓殍夏四月日暮西南天門開見五色方丈如畫

五年夏六月西北天門開色與四年同開閉有聲

六年正月十一日晝晦如夜秋有年

七年大有年

九年夏旱秋七月二十五日夜暴雨民多漂沒

十二年冬十二月大雪月餘不解

康熙元年壬寅大有年

三年十月彗星見於西南經月始散

七年夏六月十七日地震有聲

十年夏五月不雨至十二月始雪泉澗枯涸絶糴民盡掘葛蕨䔨根以食道殣相望鬻子女者無算流亡者十之七知府江殷道請蠲設賑知縣江皋立廠施粥布政使劉捷賫帑金按部賑之全活甚衆次年春麥熟民始甦

十三年雲南吳逆變正月初三日聞警人民逃竄里井幾虛

十八年七月二十三日雨雹大如雞卵木拔屋毀無算

十九年十月長星見西方如練起女虛入奎凡四十日

二十年十月彗星見東西竟天彌月乃散

二十一年八月彗星見於角次於房經月乃滅

二十八年湖廣夏逆變人民逃走六月商賈不通絕糶

二十九年夏大旱禾無穫九月二十八日未時地震自北而南轟轟有聲

三十一年五月二十三日龍水夜起沖去洪下鄉沿河一帶田地邑令金世福詳請題免水沖錢糧

三十二年夏大旱六月初三日地震

三十四年大有年

三十五年大有年

三十八年蝗

三十九年二月十六日戌時地震五月大水掩沒濱河田地鄉有虎患

四十年三月十六日辰時地震四月初一日亥時復震有聲

四十一年九月初七日地震虎入城

四十二年有年

四十七年夏大旱禾無穫

四十八年穀米騰貴民多饑死邑令金世福設廠施粥賑之

五十一年有年

五十六年正月至五月雨城盡倒田地淹沒峨眉嘴山

崩壓壞民田二十餘畝

五十七年麥大熟

五十八年大有年

五十九年元旦日有食之自五月至秋不雨禾盡稿

六十一年旱

雍正元年有年

二年大有年

三年有年

四年春大水

八年正月至四月大雨

十一年蛟水坍荒洪下等鄉田地七頃五十七畝九分

六釐（乾隆二年知縣黃增歷詳請題免水沖錢糧六年奉行准銷正米三十二石三斗六合五勺七抄八作一圭）

乾隆元年大有年

五年四月雨雹

六年大有年

十二年夏旱禾無穫

十六年大旱禾無穫

十七年正月二月雨（穀米昂貴知縣鄒尚仁詳請大府發常平倉穀平糶盡借各鄉社倉穀救飢）

十八年夏五月雨大水禾有穫

十九年大有年

二十年大有年

三十二年大有年

四十三年旱

四十五年大有年

四十六年大有年

五十年夏大旱由冬及春大荒石米四兩有奇蕨根樹皮食盡平糶倉穀

五十三年大水安泰等鄉被災知縣彭淑詳請散給戶糧二月豁免錢糧

五十四年民人周金萬妻陳氏一產三男詳奉題准賞給米石布疋

五十八年大水詳請緩徵借給籽種

嘉慶元年大有年

二年大有年

三年大有年

七年大旱詳請緩徵借給籽種

九年大水詳請緩徵借給籽種

十一年大有年

十二年大有年

十六年大旱詳請緩徵借給籽種

十九年大旱詳請緩徵借給籽種

二十一年大有年

二十二年大有年

二十五年大旱詳請緩徵借給籽種

道光元年大有年

二年秋七月蛟起洪下鄉平地水高丈餘居民廬舍漂沒無數知縣李培緒捐廉撫卹詳請散賑緩徵

三年大水安泰等鄉災知縣李培緒捐廉撫卹

六年八月十二日大水蕎麥粟盡淹

七年有年

十年有年

十一年夏秋大水城內深二尺餘署篆吳調元請賑撫卹

十二年水安泰等災署篆彭壽山請賑撫卹

十五年夏四月至六月不雨西上田多未插餘鄉禾盡槁秋螟無穫西上薔粟大熟九月二十夜天東南忽開赤光丈餘聲如裂帛

十六年秋飛蝗蔽日禾盡蝕

十九年夏大水安泰等鄉災知縣王簳請賑撫卹

二十年有年

二十一年四月二十五日未刻有聲自西來地動似傾

秋水安泰等鄉災邑進士程鵬里詩　君不見去年水過今年水茫茫巨浸深無底瀼溪東北百萬家田廬沒入洪波裏春夏苦雨無麥禾八口之家將奈何有兒號寒妻啼飢謂他人父莫聞知縱欲傾身營一飽攜妻負子將安之吁嗟乎碩鼠思樂郊黃鳥念邦族樂郊何處尋邦族不肯穀存活能幾時終將委溝瀆我曾作吏閩與秦雖乏德政頗愛民豈無年荒呼庚癸時出微俸存

活人今日歸田仍赤手欲起瘡痍復何有只緣觸目自傷懷愁向東郊一回首嗚呼愁向東郊一回首

二十二年春大雨雪崇陽鍾逆變人心震動正月初旬府經歷張以貞同邑令黃景福募勇防堵界首八門兩地遇有乘風搶奪者擒之民賴以安知府鄭瑞麟總鎮王世平前後來瑞巡查十一月雨雹數日山谷填滿明年四月始銷

二十三年有年

二十四年大有年

二十六年三月至五月雨不及寸七月杪始霑足新竹不能放梢八月洪陽上鄉大水粟多損壞

二十八年夏秋大水城內深四尺餘署篆仇治文請賑撫卹

二十九年春夏霪雨五月五日蛟四起平地水高丈餘居民廬舍多被傾頽西南鄉山多崩裂沖壓田地無算江水陡漲城內深八尺餘水鄉民舍漂盡縣令仇治文請賑撫卹並詳請西上鄉撈復田地銀米

三十年春大荒石米銀六兩有奇草根樹皮幾盡掘土以食途多餓殍秋有年

咸豐元年三月大雨雹治西柯落源山岡盡白一時洪漲數尺村舍樹木畜產多損斃耕牛秋有年

二年湖南寇急治北馬頭渡下巢湖俱有重兵防堵六月六日辰晴午陰未正雨霰

三年春雨連綿正月初八日髮逆由湖北犯府城直竄金陵舳艫蔽江治北馬頭渡防堵兵潰官軍提戎向榮陸勦兵過瑞昌月餘不絕村民遠避三月九日夜有星自南而北紅光燭天聲如雷又西北一星光芒上射如練長計丈許經月餘不散四月天鼓鳴七月彗星西見尾東指旬餘始滅九月十七賊擾城二十八日霖雨雷震立冬前五六日桃花放竹筍出十月初二日雨雹雷震邑侯周鳴鹿詩　江上愁雲日日陰乾坤何計息呻吟撫琴調作悲風響拔劍歌餘斫地音猿穴漫疑胸有甲鼅鼄終愧腹無王英雄豎子知誰辨辜負勞人枉用心　楚尾吳頭界下巢大軍此地駐征鐃鼓鼙曉逐風

聲動戍火宵連電影捎弓挽春山驚射虎劍磨秋水伏除蛟如何妖燧翻空下鐵馬金戈一瞬拋　潯陽砥柱扼江灣五老雙姑翼薇間帆擁樓船成海市陣聯鐵騎捲常山乘車揭石師徒壯緩帶輕裘將相閒愁殺狂風翻巨浪猛教魑魅度重關　昨夜星占上將明新傳旄鉞授專征九州地界金甌缺一柱天留玉宇擎大帥登壇先決計諸軍負壁請觀兵春雷奮起羣魔熄寰海須臾頌鏡清

四年髮逆復據九江四月來瑞擾掠

五年旱蝗無年知縣周尊彝詳請蠲免

六年夏大旱禾無穫

七年秋飛蝗蔽日所止之處穀粟草葉蝕盡明年五月五日夜北山原地方始盡飛失

八年四月初七日官軍李續賓克復九江八月彗星見尾指東北未久漸失

九年夏五月彗星西見光芒數丈

十年八月彗星見西北光芒數丈月餘始滅

十一年五月髮逆由興國州擾瑞昌六月官兵礮船同南鄉練勇擊退所過多被焚掠十二月二十五日大雪連日深積數尺人畜及大樹多凍死赤湖氷堅徒輿往來似陸明春始解

同治元年有年

三年六月初一日雨雹大如雞卵田苗山樹房屋多被損折

四年秋大水五月西南起蛟大雨雹

六年有年

七年水

八年夏秋大水代令譙士傑詳請撫卹奉發庫銀貳千兩散給東北兩鄉災黎

九年三月二十四日未刻治北吳塘馬頭等堡黑雲四起風雷大作有蛟龍經過落下冰雹秧麻麥豆房屋人丁多被傷毀夏大水秋七月初二日水溢城中東北稻穀被淹幸夏初麻麥登場秋晚豆粟俱熟災不爲害知縣姚暹申請緩徵 西南有年

十年多雨秋初西北蛟起爲災近城有年西南北五穀減收

日食 舊詳典禮今附將食之先設香案於縣堂露臺上設金鼓手於儀門內兩旁設樂人於露臺下設各官拜位於露臺上俱向日至期陰陽生報日初食各官俱朝服行禮作樂樂畢執事者捧鼓至官前伐鼓三聲衆鼓齊鳴候報日復圓各官行禮乃退乾隆十一年三月定制改用常服

月食 禮同日食用常服

蔣志謂救日禮倣春秋繁露鳴鼓攻之朱絲協之爲其不義也日乃君象故救用朝服但月食旣用常服日食自當一體今之定制千古不易

【同治】湖口縣志

（清）殷禮、張興言修　（清）周謨等纂

清同治十三年（1874）刻本

祥異

漢

建武二十四年多虎大蝗時宋均爲九江守令屬縣去機穽務德化虎北渡江蝗至九江界者輒飛去

唐

武后長壽元年大旱民多殍亡

宋

建隆二年邑前沙洲忽圓邑人馬適狀元及第先是適祖亙俊葬幞頭山讖云沙洲圓出狀元至是果驗

紹興二十五年赤龍橫水中如山寒風怒濤覆舟數十艘

溺水死者衆

元

大德十年正月縣民方丙妻甘氏一産四男

至元二年縣饑總管王大中貸富民粟以賑貧民約豐年還之而免富民雜徭以爲息是歲也饑而不害

明

正統十四年上鐘石裂

成化十年大水舟通街市

十四年大饑斗米銀二錢

十六年六月十八日上鐘巖石崩

宏治四年六月雹大如鷄卵

七年大水
十四年大水
十七年六月霖雨十日
正德元年大水
八年冬彭蠡湖冰合可通行人
九年八月朔日食既晝晦星見鷄犬驚鳴
嘉靖元年大水
五年正月赤氣橫境旱井泉皆涸
六年大水
十三年大旱
十八年大水禾稼盡没

二十三年大旱
二十四年大旱民饑殍枕籍七月雨雹
二十五年旱
隆慶元年譌言宮中索童女民間婚娶殆盡
萬歷元年四月朔日有食之旣晝晦
十六年大荒
十七年大荒饑死者半
三十六年大水城中水深四尺以舟楫遉往來
三十九年大水
四十年大水
四十一年大水

是時市民曹文野一妻十二男

天啟二年正月大雪四十日虎豹禽獸多饑死

三年七月熒惑入守斗口九月乃退八月太白入月蝕

十二月太白晝東見

六年鄉民趙本進妻邵氏一產三男

初種順痘（即今神種）

崇禎元年十月十八日江魚東死

二年十月二十四夜大風拔木折屋覆舟

四年七月十八日丑時地震八月二十七日大風拔木

飄瓦垣墻皆頹九月十六日午時天　十月十六

夜地震

五年正月初二日杜鵑鳴

七年三月地大震

九年大旱

十年春大饑民爭取都盛鄉山中土食之有死者詳大城山

十月日食既晝晦二時鷄犬奔吠

十四年疫疾流染甚者滅門九月朔日食既晝晦鷄栖

十五年大疫

十六年大旱江湖不漲溪澗皆枯

始食煙次年春大饑米石三兩

國朝

順治三年大旱

四年春大饑米一石六兩僵仆藉道流移滿目夏大水行舟達於儀門 秋大有年

六年正月十一日晝晦如夜咫尺無睹

八年虎入城知縣馮先成召衆合圍而歸咎於司扃者不知其踰城也

九年三月夜地震有聲夏大旱虎殺人壩頭橋橝頭皂湖各傷至數十人下鄉及黃茅潭尤甚

十二年鄉民李茂華妻謝氏一產三男

十三年謠言宮中拘刷童女民間嫁娶殆盡

十六年夏大旱

十七年虎殺人於城中入官廨

康熙元年大旱百餘日

二年秋冬大水舟次治廳

三年冬十月彗星見於西方

七年三月十一日晝晦如夜大風拔木發屋顛仆行人

六月十七日戌時地大震

八年十月二十日大雨雹雷電數日

九年冬大雪數十日禽獸凍死彭蠡湖梅家洲冰合可通行人

十年大旱自五月中不雨至於十二月

十一年春大饑民多殍亡鬻賣妻子賴賑以濟見郎政

四十八年疫

五十四年冬江凍舟楫不通米價湧貴

五十五年夏大水舟達治廳
五十七年元日雨木冰樹多凍折三月雨雹大如彈丸
五十九年七月朔日蝕幾盡晝晦
雍正四年夏大水至冬始退十二月十七日地震
五年又三月初七日大雪秧種俱壞穀價湧貴
六年四月雨五穀如火炙狀內有木棉桃如豌豆大八
月籍田産瑞禾一莖四穗是歲大有
乾隆十年六月地震
十六年有年
十七年春米價騰貴
二十年三月二十八日夜下鄉大風古木多折四月十

一日中鄉大風亦如之冬雨木冰

二十一年自二月至於七月斗米三錢

二十九年大水舟達治廳米價騰貴

三十一年大水

三十二年大水

三十三年三月大雨雹大木多被風拔夏大水民多瘟疫

三十四年大水

三十六年秋冬大旱塘堰俱乾居民多私淘井無力者或往港汲水

四十三年夏旱

四十六年夏秋大旱除近河田畝高處俱無收幸隣省
米穀輳集價尚不甚昂

四十八年大水

五十年夏大旱本年冬及明春大荒米每石四兩有奇
蕨根楢皮食盡民多殍亡

五十三年秋大水米價每石三兩有奇

五十七年大水民多疫

五十八年大水民多疫

五十九年春荒米價昂貴

嘉慶四年六七月蝗蟲入境中下二鄉禾稼多傷

六年正月大雪平地深數尺有年

七年夏大旱豆穀無收米每石四兩零

九年夏連日大雨江湖水漲田多被淹

十三年大水

十五年大有年鄉民黃嚋衍妻秦氏一產三男

十七年冬郭家口洲有洞出火燃薪可炊月餘息

十八年夏大水

十九年正月初大凍樹木多折上鄉秋旱米價昂貴每石三兩有奇

二十一年二月大雪平地深數尺夏大雨彌月八月二十日鄉民吳紹榮之妻時氏年四十五歲初胎一產三男

二十二年四月下鄉風折大木六月底天暴寒人多挾纊歲荒米石三兩有奇

二十五年秋大旱三月不雨

道光二年正月雪深三尺大凍

三年大水

五年二月二十八日大風拔木

六年三月初四日地震

九年六月十七日夜天鼓鳴十二月二十三日亥時地下有聲

十一年大水米甚昂貴

十五年夏大旱顆粒無收秋蝗爲災民多流亡

十六年大有年

十九年大水

二十一年大水歲荒米石四兩有奇

二十五年夏大水冬大雪四日

二十六年夏大水冬郭家口外洲有洞出火可燃薪數月始息

二十八年大水舟達治廳知縣彭宗岱請賑勸捐接濟

二十九年大水入署大堂深數尺知縣張韶南請賑勸捐接濟

三十年春民多流亡秋大熟

咸豐元年三月初十日未時大雨雹約斤許狀如雞卵所

過上老臺山一帶地方屋瓦多壞禽獸多擊死者
邑民孫作羹妻曹氏一產三男
二年秋長星見長東酉西冬桃李華
三年正月十三日賊陷城三日焚掠去夏兩日相磨盪
四年賊復入城據之十一月初五日未時池塘水沸一
尺有奇
六年大旱蚩尤旗見
七年秋蝗彗星見於西北
八年春蝗不爲災監生余金鏞妻游氏年四十餘始孕
二十有四月而生廿四合村瑞之邑侯岑手書威鳳
祥麟額焉

九年秋酬山民張藁彩家粟兩歧

十年三月十一日大雪

十一年六月彗星見十二月二十六日大雪五日平地
深四五尺行人多陷死雪中河冰木多凍死

是年八月初一日日月合璧五星連珠

同治二年流賊竄入文橋民多逃亡殍死秋大疫知縣孫慶
恆請豁地丁巡撫沈葆楨散給米穀牛種

三年春饑

四年夏六月天寒人多挾纊

六年豹虎傷人

七年大水

八年夏大水冬桃李華豺虎食人知縣殷禮請卹緩徵
九年大水野豕食禾粟
十一年大水
十二年三月二十三日有虎突入智園鄉民楊勤學家
邑人陳鐸邀衆會圍蔭生屈念曾領八人登樓擊斃
十三年二月下鄉西山料至彭澤一帶大雨雹如甌屋
瓦多壞菜麥盡傷

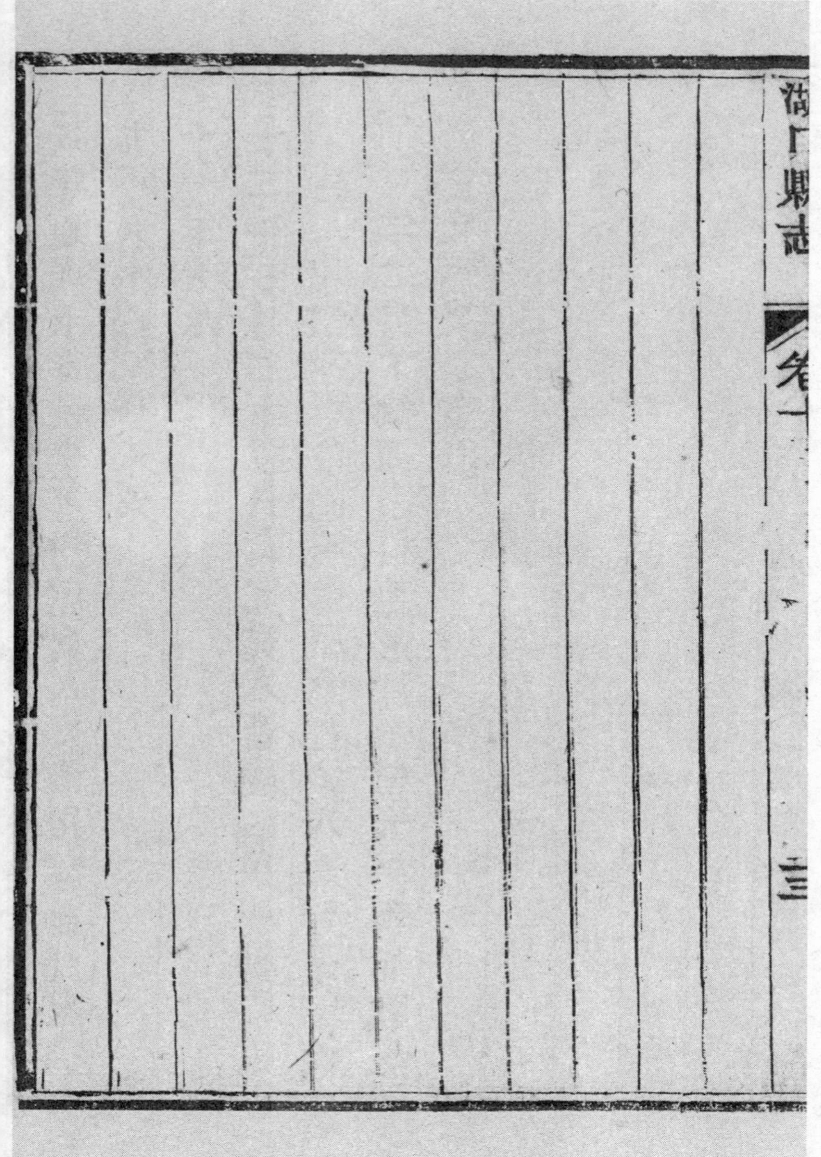

（清）張耀曾修　（清）陳昌言纂

【乾隆】寧州志

清乾隆二年（1737）刻本

祥異 附氣候

祥異之見雖曰天道實由人事也易曰作善降之百祥作不善降之百殃書曰惠迪吉從逆凶是吉凶禍福之說聖人所不諱也朱子謂吾之氣順則天地之氣亦順可見天地之間以和氣感者以和氣應以戾氣感者以戾氣應故春秋紀災異而不記休祥以示人修省轉移之道惟是天變爲不足畏如魯襄之石隕鷁飛魯隐之大雨震電魯昭之鸜鵒來巢不出一年而其禍立應凡

有司牧之責者可不仰體

廟堂敬

天修德之

明詔潔己勸民正身率物俾民俗共臻于善以承

天貺而彌天變哉

吳黃武二年黃龍見于武昌今黃龍寺屬武昌地也吳志

宋元嘉二十二年豫章縣出銅鐘江州刺史廣陵王紹以獻宋書

齊永明五年豫章縣民獲銅鐘於長岡山齊書

唐貞元年豫章溪澗魚頭皆戴蚯蚓

宋景祐元年八月分寧縣大水暴發漂没民居一百餘家

死者三百七十餘口

元豐六年洪州七縣稻穫再生皆實竝宋史

建炎四年縣治火

隆興七年饑民皆食草實

景定元年縣治火竝舊志

二月元兵過分寧

元

至元十四年八月文天祥入永興縣分寧豪傑舉兵應之

泰定元年六月寧州高市火燔五百餘家

至正十年五月甲子寧州大雨山崩 並元史

明

宣德九年饑十年又饑

樓板

景泰五年冬大雪

成化五年芝生於文廟

弘治七年春雨木氷見兩稗新滙

八年桃李樹生茹

十二年雷震譙樓

十三年四月芝生於儒學興賢齋

十七年夏六月大水漲至州儀門及儒學名宦鄉賢祠木主多漂沒馬洲山谷祠傾舟行於市

百尺

正德元年冬十二月至夏五月不雨

三年春大水

四年夏大旱饑人食草實

十年春雨木氷見雨稗新滙

十二年夏六月甲子東北方白氣如虹飛墜有聲

十三年秋七月州市火

嘉靖元年夏六月大水市行舟

二年六月大雨雹

十一年三月火焚金銀庫六月分司火燬圖籍

十三年春二月至八月不雨民大饑

十四年虎暴於市

十八年夏四月大水六月又大水壞田爲沙磧漂居民七十餘家

二十三年大旱饑

二十四年大饑斗米十五緡民食野蔔多饑死

二十九年久雨洪水入市壞田廬不計其數

三十一年安坪港水逆流至黃沙灘者一

三十四年芝生於義井巷周家

三十五年民家失火延燒文廟明倫堂廨舍無遺

四十三年虎入城隍廟下蔬畦白晝咬殺二人尋殺之

四十四年虎入市伏鐵爐巷陳氏屋上衆莫敢攖尋自逸秋大雨雹稼不成

隆慶元年訛言採選宮嬪民間男女婚嫁殆盡

四年安坪港水逆流至黄沙灘者三

櫺星門前池内忽得金鯉數十尾

六年冬雨雪二月牛羊多凍死者禽獸入民舍

萬曆元年起至庚辰辛巳年止連歲穀賤

三年二月地震有聲樓屋有傾倒之勢

五年民家失火延燒譙樓及下市三街盡燬

六年天落黑穀内有米如小麥狀

十年春大雨雹二麥無收

十二年地名小流土有寶色如銀萬衆共取幾亂幸燒煉不成乃止

十四年二三月大水禾苗浸死農之禾種

十五年七月下霜三日禾盡萎死民瘦死者無數

十六年三月至五月不雨禾盡槁野多餓殍是年以無米改折

十七年西津金鷄坑產有黒子大小不等形皆四方色如漆有光人競取之四五六月不雨七月又下霜

秋稼絶粒民多餓死是年粮亦改折
二十一年大旱饑冬陰晦連月
二十二年正月初一日儒學櫺星門横枋自墜是年
饑斗米十五緡
二十三年二月虎至西津擒殺之
二十四年歲大熟芝生于濂溪書院太極堂
四十七年大水
天啟六年十二月夜地震

崇禎九年八月夜地震立者仆地

十年十一月十七夜黃土嶺失火延燒自西門起至萬家坊止

十二年己卯自十二月起至庚辰正月止霜雪凍結高至七八尺四月始消

乙酉年四月旌陽觀道士三玄因觀宇傾頹燃指釘闔募化時五月初十一更時見羣鬼數千泣告而退黎明三玄命一老力者搖鈴於市曰都來看三日後

有好事顯現次日僅存一空闕莫知所去三日後果
闖寇破城屠戮殆盡
本年十一月夜天南方白耀長一二丈有數千條出
沒經時至十二月雪夜闖寇復至凡從前未焚之屋
未戮之人至此焚戮無遺凍死及淹沒者亦千餘

國朝

順治四年自春至冬天旱不雨米每石十兩市絕糶
民饑不堪食樹皮草根

六年叛将鄧云龍劄踞紬丁勒餉衆至數萬後統兵至建昌敗亡過半其投水者填塞河道猴子山尸塞其河水長丈餘

十三年閏五月大雨洪水過東南城埰船抵州治頭門漂流千餘家田地沙塞衝決成河有李維常者外出妻梁氏居坵湖水起之夜家口俱沒惟一僕扶梁氏共持一屋樑隨水漂流見水響如雷有一物大如山其色黑有兩目其光大如斗二人流七十餘里至

武寧界地名石溪物爭前而去湧浪拋棵近岸遇大樹扳住天明獲救

本年訛傳選淑女一時婚嫁不擇而配

十四年有一獐於日午時從青雲門入逐至黃甲門斃之

十六年內忽傳雞翅生齒視之皆驚怪而殺之一時雞爲絶種

康熙元年四月初四日天昏地暗風雷大震雹大如雞

子碎瓦折樹其年大旱奉蠲田賦十分之二

三年五月内有一晚二更時忽見東方流星飛墜有聲大如斗其光白色有帶是年旱奉蠲田賦十分之三

寧自順治十八年起狼虎爲害是年八九月内乘夜入城人心惶惑州牧徐永齡十月内蒞任率衆力搜連殺二虎虎害屏跡

康熙四年旱奉蠲田賦十分之三

五年旱奉蠲田賦十分之三

六年水奉蠲田賦十分之三

八年旱奉蠲田賦十分之三

九年春苦水夏秋赤地飛蝗奉蠲田賦十分之三

十年水旱頻仍奉蠲田賦十分之三

十一年大旱奉

旨行賑蠲緩荒缺詳載田賦

十三年二月有白氣如練自東至西是年旱奉蠲田

賊十分之三冬十一月北門戍卒李忠等謀爲不軌勾引土賊楊白巾突至州署頭門州牧任暄猷同州司馬李成芳夜率内丁自丑至未三戰三捷悉殺其黨城賴以全嗣因太鄉半山社長偵報賊首李忠潛遁山谷任牧又率内丁同吏目潘士良營弁朱萬壽至半山擒斬李忠等詳報　上臺題請議叙奉

旨奮勇撲滅保全州城可嘉從優議叙任暄猷旌陞知府

朱萬壽隨陞守備

康熙十四年二月逆賊楊白巾倡亂烏合逆黨侵犯銅鼓營守備高爵統兵力戰不勝地爲賊踞民陷爲賊五月初二日土賊張猶龍熊吉昌勾引楊白巾入寇州城又五月初一日任牧同援兵恢復州城賊退入奉武二鄉九月初三日有赤光狀如人形有帶自北流注南方聲响若雷雉鳥驚飛二十七日賊復寇州城遊擊牛鳳翔守西門馬瑞麒守北門州牧任瑄猷守秀水門守備朱萬壽守東門賊環攻七晝夜屯聚

馬家洲西北一帶一夕兩虎咆哮突入賊營驚爲官
兵自相殘踏殺傷溺水者無數城内持重堅守十二
月初七日賊鼠竄而去
康熙十五年六月十三天大雨氷大如錢有眼八月十
八日土賊張猶龍熊吉昌又引楊逆再寇州城遊擊
高覲光守西門遊擊馬瑞麒守北門州牧任暄猷守
秀水門賊千餘屯鳳凰山任牧爲建城堡三層不日
而竣賊對城闉火炮直攻戰守士卒無一中傷遂敗

秀水門爲得勝門守備朱萬壽郭成功守東北門與
賊相拒一十二日夜吏目潘士良馳報　總制董啟
請　簡親王遣年將軍統滿漢官兵與賊遇於瑯樹
坑擒斬無算獲賊器械甚多賊仍竄入奉武二鄉十
一月分巡道李　按部分寧揭榜招撫以廣
皇仁賊黨執迷不醒遂議進兵武鄉三日而破五寨戒令
官兵不許焚擄再宣
上德賊雖望風遠遁仍負固不服

康熙十六年三月土賊張在七劉旺七熊吉昌率賊兵冲擾安鄉九都天怨陰晦寒雨連日不開三月初八日遊擊馬瑞麒提兵出劉晴齊融和士卒争先克復安鄉九十兩都斬馘無數人心歡悅

夏四月旱農未分秧歲大饑減賦十分之三冬十一月初九日恢復銅鼓營時　總制董　分巡李率師由瑞郡新昌縣芭蕉橋檄徽叅將馬州牧班衣錦會兵武鄉由山口奉鄉由白水口進兵遂克復奉武安

崇盤踞之地殺賊無算班牧招撫散亡安揷開墾運粮以濟營戍詳宥迫脅兵民賴焉

十七年大饑夏旱減賦十分之三

十八年大旱五月二十七日雨至十月初九方雨禾苗盡槁秋稼絶粒減賦十分之三

十九年五月初六連日大雨如注雷電交作各鄉山崩石裂水漲入城泰鄉五都安鄉長茅柴潭新車崇鄉盧坊馬市仁鄉東源西鄉張仙橋在在蛟水暴發

冲破廬舍田地陂塘不計其數民被災班牧申請題
恤
二十五年四月西門失火延燒城樓及跨鰲橋
二十六年秋旱賑之
二十七年正月初三州東太平舖失火
三十二年六月初一夜地震初三雲巖寺前失火延
燒至東門外計八十餘家又值夏秋奇旱感署任進
賢縣丞潘世勳哀詳 各憲具 題蠲賦十分之三

本年恭遇

聖祖萬壽　恩免漕粮

三十四年夏大水衝倒南門城垣

三十八年夏大水

四十二年夏大旱蠲賦十分之三

五十二年夏得宋黄山谷撰書順濟龍王廟碑于南

山崖下河中

五十五年四月二十七八等日連宵大雨水高城堞

百尺

數尺舟行市上如[illegible]近水居民及公廨文卷册籍漂沒殆盡鎮寧塔城隍廟學宮黌門雲巖寺佛像糧倉貯穀悉皆淹倒城市如洲沙泥堆積鄉閭田地崩廢無筭旋復大旱高下絶収知州張愷申詳　各憲發米賑濟　題豁災銀九百六十兩三錢又將五十五年以前民欠盡行免徵

五十八年夏旱

六十年夏大水虎入城食畜

六十一年十月十五日有羣鳥數萬大如鵝棲鳳凰山殆遍自卯至巳始去

雍正元年九月流匪王本習等謀逆殺營兵羅元儕客長李尚珍父子合州驚竄旋即就擒伏誅

二年歲大稔

八年歲大有

上以民俗和樂上蒙天休蠲免江省九年分錢粮四十萬兩寧州邀免銀三千九十四兩一錢八分零

十年四月初六仁鄉大雨雹擊死牛豕雉兔

十一年高鄉三十六都農民廖常茂田一莖三穗粒如瓠子

十二年歲大稔崇仁二鄉有虎患山居之民户爲晝閉

乾隆元年九月崇鄉蓮塘棚民蔡老二毒弩斃一巨虎各山衆虎哀哮旬日虎患遂絶

（清）王廷藩修　（清）潘瀚纂

【康熙】澎澤縣志

清康熙二十二年（1683）刻本

歲眚

明弘治七年秋大水　正德元年夏大水　嘉靖元年春大水　九年夏大水　十八年霖雨大水　二十三年旱民無獲　二十四年春淫雨無麥斗米三錢饑殍枕籍　二十七年夏大水　三十五年旱

萬曆十六年大旱　十七年　十八年並饑　三十六年夏大水　四十年民多饑殍　崇禎九年大旱十三年夏大旱

國朝順治三年夏大旱米價騰貴石直六兩饑莩甚衆

四年春麥無收　五年夏大雨兼旬田畝民舍多漂

涉　九年夏大旱天鳴經旬日

康熙二年秋大水洲民苦澇　七年夏大雨　十年

夏大旱至冬不雨民食艸根　題報發賑金知縣李

逕煑粥濟之　十三年春多雨　二十二年春久雨

三月方晴

彭澤縣志卷二終

彭澤縣志卷之十四

雜志

志何以曰雜正志所不收也正志不收矣猶可得而錄乎可其可奈何餘分不收於歲曆而不能不積之為閏殊荒絕海不收於版圖而不能不載之職方故稗官野乘史之雜也百家衆技道之雜也虹玨彗孛運之雜也鬼物妖魅氣之雜也荒唐詼詭語之雜也夫齊諧有志見引於漆吏搜神一編備位於董狐禹鼎象物不逸不若三代寶之胡可焉也若酉陽之有雜俎其饗禮之陳昌歜楚江之得萍實歟雜志之錄

將無同

晉義熙五年正月地震有聲如雷明年盧循亂

明正統二年小孤北岸崩三里餘壞民居數百

成化十七年彭澤大疫民死甚衆

正德九年八月朔日食既星見鷄犬鳴吠　十四年

春地震屋瓦有聲是年宸濠之變

隆慶六年二月雨雹大如鷄子屋瓦皆碎

萬曆元年（一作三年）四月朔日食既晝晦鷄犬皆鳴　十

二年塌毛洲地出火焚烈有聲以薪撥之輒炎七日

夜乃滅　十六年大疫　四十六年夏四月昏流星

西墜大而有聲

天啓元年正月大雪四十餘日虎獸多餓死　三年七月熒惑守斗口九月乃退　八月太白入月十二月晝見于東　四年正月二十八日日濛如鎔初赤既白如月

崇禎元年十月十八日江魚池魚皆凍死　十年十月朔日有食之晝晦二時犬吠狂走鷄皆鳴

國朝

順治四年四月　日暮天門開于西內見五色方文如畫　五年六月　日暮天門又開于西有文如前

開闢有聲　九年三月　日夜地震有聲夏旱天鼓鳴經旬不絕　十七年秋日光摩盪

康熙三年冬十月彗星夜半出東南自翼軫行歷胃昴數月乃滅　七年正月昧明星見有赤氣一道上濶下鋭如火燄　六月十六夜地震有聲　九年秋熒惑入南斗留月餘不退冬大雪積月長江凍幾合　十一年四月十六日五鼓衆星叢流火光拉雜自北而南有聲　十二年十二月寒雨雷震　十九年十月初四日長星見西方如匹帛著天起女虛入奎凡四十餘日而滅　二十年八月初九日地動有聲

二十一年八月初八日彗星見于角次于房經月方滅

以上天變

漢建興九年十月有鳥從江南飛渡江北不能達墮水死者以千記

宋淳熙二年馬當山群狐掠人

明萬曆二年三月虎入城晝見于鳳凰山　四十三年群鼠渡江而南食禾

崇禎甲申異鳥遍集山林大如鴕鸞通體皆白遂兆乙酉左良玉之變

國朝

康熙三年六月[illegible]日夜知縣秦興岐坐堂比糧虎驀至堂下人皆駭散　十二年正月小孤山陰舊多鸕鷀忽然盡去越三日復來　十七年六月十二都某家有蛇大如驢長丈餘伏田中食苗焚楮祝之乃去　二十二年馬當柯某宅邊樹鳴有聲如鐘

以上物異

【同治】彭澤縣志

（清）趙宗耀、陳文慶修　（清）歐陽燾等纂

清同治十二年（1873）刻本

漢

建興元年十一月有烏從江南飛渡江北不能達墮水死者以千計

晉

義熙五年春正月地震有聲如雷明年盧循亂

宋

淳熙二年馬當山羣狐掠人

明

正統二年（一作成化二年）小孤北岸崩三里餘壞民居數百

成化十七年大疫民死甚衆

弘治七年秋大水

正德元年夏大水　八年冬湖口彭澤江流氷合可過人行　九年八月朔日食既星見雞犬鳴吠　十四年春地震屋瓦有聲是年宸濠叛

嘉靖元年春大水、九年夏大水　十八年[illegible]大水　二十三年旱民無穫　二十四年春淫雨[illegible]三錢饑殍枕藉　二十七年夏大水　三十五年旱

隆慶六年二月雨雹大如雞子屋瓦皆碎

萬歷元年一作三年四月朔日食既晝晦雞犬皆鳴　二年三月虎入城晝見鳳凰山　十二年塌毛[illegible]烈有聲以薪撥之輒焚七日夜乃滅　十六年大[illegible]疫　十七年十八年並飢　三十六年夏大水　四十[illegible]年[illegible]

大旱民多飢殍　四十三年羣鼠渡江而南食禾　四十

六年夏四月昏流星西墜大有聲

天啓元年正月大雪四十餘日虎獸多餓死　三年秋七月熒惑守斗口九月乃退八月太白入月冬十有二月太白晝見於東　四年正月二十八日日漾如鎔初赤餘白如月

崇禎元年冬十月江魚池魚皆凍死　九年大旱　十年十月朔日有食之晝晦二時雞犬鳴吠　十三年大旱民掘石粉食之粉出陶王山馬王山各處亦出食久四肢無力且便閉有人傳以桃花葉煮水飲之得解　十四年夏四月至六月不雨歲大旱秋蝗食粟盡飢殍載路

國朝

順治元年異鳥遍集山林大如鴕鵝通體皆白遂兆乙酉左良玉之變　三年夏大旱米價騰貴石直六兩飢莩甚衆　四年夏四月朔日暮天門開於西內現五色如晝麥無收　五年六月初八日暮天門開於西有文如前鬨鬨有聲夏大雨兼旬田畝民舍多漂沒　六年正月十一日晝晦如夜咫尺無睹　九年夏大旱天鼓鳴經旬不絕十三年謠言宮中拘刷童女民間嫁娶殆盡

康熙二年秋大水淵民苦潦　三年夏六月十六日夜虎入城時知縣秦與岐坐堂比糧有虎驀至堂上下人皆駭散冬十月彗星出東南自翼軫行歷胃昴數月乃滅　七年

春正月昭明星見有赤氣一道上闊下銳如火燄 夏大雨六月十六夜地震有聲 九年秋熒惑入南斗月餘不退冬大雪積月長江凍幾合 十年夏大旱自五月至十二月不雨民食草根知縣李瑤請報發賑又煮粥濟之 十一年春大饑夏四月眾星叢流自北而南有聲 十二年冬十有二月寒雨雷電 十三年春多雨 十七年夏六月十二都民家有蛇大如驢長丈餘伏田中食禾稼椿祝之乃去 十九年冬十月長星見西方如練起女虛入奎凡四十餘日 二十年秋八月地震有聲 二十一年秋儒學戟門廟門有門現方文如印者六次丹角門現文方長不一人以為瑞遠近聚觀八月彗星見於角次於房

經月乃滅　二十二年春大霖雨馬當柯宅邊樹鳴聲如鐘　四十六年秋大旱民飢　四十九年夏旱秋大雨禾漂沒　五十五年夏大水秋大旱民多飢殍至八月乃雨　五十六年夏麥秋禾俱大有年　五十九年有年

雍正三年大有年　四年秋大水　五年夏秋大水　七年秋羅翰聲妻宋氏一產三男　八年大有年　九年大有年

乾隆四年夏三都畢繼白有馬產駒頭爪特異俄雷雨交作隨水而逝羣鼠過江食禾三都尤甚　七年大水壽昆汪汶明年百歲建坊　十五年夏四月二十三日大雨雹雹有至三十餘觔者三都尤甚　十八年秋九月癸酉戌

刻有氣如虹著天色紫白自東南歷西北久而始沒　二十年春久雨夏大水秋七月蚜蚄生十一月江心洲有穴出火投薪輒然臭似硫黃久而未息　二十一年冬十月地震有聲　二十四年七月初金剛料地方大雨雹木棉傷　二十九年四月菜麥豐收五月中旬大雨七晝夜江水泛漲四洲漂壞民居甚多縣城水至儒學前船可入市知縣潘庭颺勸城鄉富戶捐米石散給被水者多沾惠焉　三十一年大水洲地五種無收江東南近水之地亦多被水知縣高尚禮詳請蠲賑　三十二年夏大水　三十四年夏大水十二月地震　四十六年五六月大旱禾稻棉花歉收四十八年大水　五十一年八月夜二更天西

南忽裂開丈餘光焰如爐火旋變黃色纔又白色逾兩時漸收合　五十三年大水知縣胡率德詳請辦賑　五十七年大水　五十八年大水五種無收知縣胡率德詳請緩征借給籽種口糧　六十年冬春間木冰樹多折

嘉慶六年大有年　七年大旱自五月中不雨至七月下雨枯禾復生知縣鄒自本詳請散給籽種口糧緩征錢糧

十一年大有年　十二年大有年　十四年四月二十六日雨雹大者如雞卵城內及一坊十三都木棉多傷七旦大旱夜有紅光如電闊數尺蜿蜒自北而南有聲　十六年五月十二都株樹沖夜三更大雨蛟起山石奔落村舍漂沒無數溺斃男婦十七八口知縣秦樹慶捐廉賑濟收瘞

之有老婦年五十餘隨水漂數里不死是年慧星見光長丈餘自夏初至秋末始沒　十八年夏大水秋冬不雨塘堰俱涸有掘地丈餘不得水者　十九年歲歉斗米錢四百八十文冬大雪長江冰　二十年歲歉　二十一年四月十三雨雹菜麥被傷甚多　五月大水洲地低田無收　二十二年春正月三十都定山寨何奇峰妻王氏一産四男五月旬日内雷擊斃七八人大風雨雹拔折大木甚多六月下旬北風寒二十九日夜尤甚次早九都浩山見雪木棉多凍傷　二十三年大有年　二十四年三月十三日大雨雹以上舊志

道光三年大水　五年六年俱有年　十一年大水至儒

學前冬大雪深四五尺樹木多凍死　十三年大水至時
家巷民掘石粉而食　十四年蝗災　十九年正月地震
二十年臘家山汪宅上首一石洞突湧洪水丈餘居民駭
走有老者命投以犬水即消老者忽不見　二十八年奇
水至縣門船入市　二十九年蒼水較二十八年高三尺
餘城不沒者數版民多殍死　三十年水鬭各處池塘倏
高三尺芙蓉墩江岸一帶出火可炊夏間二麥大熟
咸豐二年小孤山竹開花盡枯死　六年有年石米千六
百錢　八年十二月二十三日四都鼓樓嶺居民斧柹樹
中現天下太平四字波磔黑如漆徹表裏雖眞書不啻昔
唐大歷中成都獲瑞文有天下太平字詔藏秘閣今復如

寇蕩平東南底定之兆　十年八九十月大水年大水季冬大雪深五尺餘麞鹿多餓死

同治元年二十五都禪步塘地上出火如煤燄時方隆冬華口壠水躍高數尺　二年城鄉房屋多被賊燬殺戮尤甚兼之瘟疫流行死者無算夏麥秋禾皆無收斗米錢七百糧田每畝價僅數千　三年大旱斗米錢七百城鄉孥豺食人小兒尤甚　八年大水船入城市洲民溺死季秋長嶺高酒店中釜鳴月餘聲聞里許　九年春小孤山竹開花盡枯死

（清）王維新等修　（清）塗家傑等纂

【同治】義寧州志

清同治十二年（1873）刻本

義甯州志卷第三十九

雜類志　祥異

漢

元和三年海昏出明月珠大如雞子圓四寸八分右今註按舊志載太始元年誤此時甯州兼有海昏地

建安八年長沙醴陵縣有大山常鳴如牛吼聲積數年後豫章艾縣賊攻涢縣亭殺掠吏民因以爲候續漢書五行志

吳

黃武二年黃龍見於武昌今黃龍寺屬武昌地也吳志

七年豫章黃龍見省志

晉

武帝太康元年豫章生嘉禾安志三年白雀見豫章玉海七年木連理生豫章太守蘭隸以聞安志按太康元年改西安縣爲豫章縣

永興元年彩雲覆豫章甘露降麒麟見安志

永嘉末豫章有大蛇長十餘丈斷道過者輒吸之吞噬百人吳猛與弟子殺之猛曰蜀賊當平矣既而杜弢滅豫章書按許遜傳載海昏有巨蛇遜仗劍斬之此云弟子當屬遜

大興元年正月麒麟見豫章豫章書冬十二月豫章地震水涌出鄭樵通志二年夏五月蝗豫章書三年春正月白鹿二見豫章孫氏瑞應圖云一白虎

咸和二年夏四月己未豫章地震鄭樵通志

太元十四年十一月辛亥白虎見豫章豫章書豫章桐木連理太守范甯表聞藝文類聚

宋

元嘉二十二年豫章縣出銅鐘江州刺史廣陵王紹以獻宋書

大明七年二月月犯南斗第四星入魁中占曰豫章受災豫章王子尚死宋書天文志

齊

永明五年春三月豫章縣民獲銅鐘於長岡山齊書

唐

貞元十年豫章溪澗魚頭皆戴蚯蚓

元和二年大旱十五年水

後唐

清泰元年龍馬見於分甯周鑾表而獻之

宋

景祐元年八月分甯縣大水暴發漂沒民居二百餘家死者三百七十餘口宋史五行志

紹興四年水二十七年大水

元豐六年洪州七縣稻穫再生皆實並宋史

建炎四年縣治火

乾道四年旱五月秋七月乙亥龍鬬於縣西北大雨俄頃迅雷起東南二龍奔逝墮珠於復塘邨大如輪爲牧監所得自是連年水安志七年首種不入大饑民食草實八年大旱

隆興七年饑民皆食草實

景定元年縣治火二月元兵過分甯舊志

淳熙十四年大水

紹熙四年大水二月元兵過分甯

元

至元二十六年十二月甯州民張安世進嘉禾二本元史五行志

大德元年水七年饑九年六月水

延祐元年秋八月水

至元元年大饑人相食

泰定三年六月甯州高市火燔五百餘家元史志

至正十年五月甲子甯州大雨山崩數十處元史五行志

明

洪武元年大風雨出蛟山水暴溢民多溺死詔遣使賑恤江西通志

按自元大德五年以分甯縣置甯州至明洪武三年始改爲甯縣則洪武元年之甯州固非若元史五行志世祖至元二十六年之甯州之在武甯也

宣德九年饑十年又饑

景泰五年冬〻大雪

成化五年芝生於文廟

宏治七年春雨木氷見雨碑新漚

八年桃李樹生茹

十二年雷震譙樓

十三年四月芝生於儒學興賢齋

十七年夏六月大水漲至州儀門及儒學名宦鄉賢祠木主多漂沒馬洲山谷祠傾舟行於市

正德元年冬十二月至夏五月不雨

三年春大水

四年夏大旱饑人食草實

六年夏五月大水

八年夏大旱

十年春雨木氷見雨稗新漚

十二年夏六月甲子東北方白氣如虹飛墜有聲

十三年秋七月州帀火

嘉靖元年夏六月大水帀行舟

二年六月大雨雹

十一年三月火焚金銀庫六月分司火燬圖籍

十三年春二月至八月不雨民大饑

十四年虎暴於帀

十八年夏四月大水六月又大水壞田爲沙磧漂民居七十餘家

二十三年大旱饑民食樹皮死者甚衆

二十四年大饑斗米十五緡民食野蒿多餓死

二十九年夏四月久雨洪水入市壞田廬不計其數

三十一年安平港水逆流至黄沙灘者一

三十四年芝生於義井巷周家

三十五年民家失火延燒文廟明倫堂廨舍無遺

四十三年虎入城隍廟下蔬畦白晝咬殺三人尋殺之

四十四年虎入市伏鐵爐巷陳氏屋上衆莫敢攖尋自逸去

秋大雨雹稼不成

隆慶元年訛言採選宮嬪民間童男幼女旬日内婚嫁殆盡四年安平港水逆流至黃沙灘者三

櫺星門前池内忽得金鯉數十尾

六年冬雨雪二月人民牛羊多凍死者禽獸入民舍

萬歷元年起至庚辰辛巳年止連稔穀賤

三年二月地震有聲樓屋有傾倒之勢

五年春三月民家失火延燒譙樓及下市三街盡燬

六年雨黑穀内有米如小麥狀

十年春大雨雹二麥無收

十二年地名小流土有寶色如銀萬衆共取幾亂燒煉不成乃止

十四年二三月大水淫雨連緜洪水浸入州城高數尺禾苗盡浸死農夫乏種

十五年七月下霜三日禾盡萎死民疫死者無數

十六年三月至五月不雨禾盡稿野多餓殍是年以無米夭折

十七年西津金雞坑産有黑子大小不等形皆四方色如漆有光人競取之四五六月不雨七月叉下霜秋稼絶粒民多餓死是年糧亦夭折

二十一年大旱饑冬陰晦連月

二十二年正月朔儒學櫺星門橫枋自墜是年饑斗米十五

緡餓夫塞道

二十三年虎至西郭津南擒殺之不爲暴

二十四年歲大熟芝生於濂溪書院太極堂

四十七年大水

泰昌元年十二月中旬大雪至次年二月中乃止

天啓四年四月星隕石梘聲如雷其色黑五年夏大饑

六年十二月夜地震

崇正四年七月十七日夜地震十月十一夜又震省城亦如之

九年旱大饑八月夜地震立者仆地

十年十一月十七夜黄土嶺失火延燒自西門起至萬家坊止被災者千家

十二年己卯自十二月起至庚辰正月止霜雪凍結用鏨開路空處高至七八尺四月始消

國朝

順治二年乙酉四月旌陽觀道士三元因觀宇傾頹燃指釘關募化時五月初十一更時見羣鬼數千泣告而退黎明三元命一老力者搖鈴於市曰都來看三日後有好事顯現次日僅存一空關莫知所去三日後果闖寇破城屠戮殆盡

本年十一月夜天南方白耀長一二丈有數千條出沒經時至十二月雪夜闖寇復至凡從前未焚之屋未戮之人至此焚戮無遺涷死及淹沒者亦千餘

四年自春至冬天旱不雨米每石十兩而絕糶糴民饑不堪食樹皮草根

十三年閏五月大雨洪水過東南城垜船抵州治頭門漂流千餘家田地沙塞衝決成河有李維常者外出妻梁氏居坵湖水起之夜家口俱沒惟一僕扶梁氏共持一屋樑隨水漂流見水響如雷有一物大如山其色黑有兩目其光大如斗二人流七十餘里至石溪物爭前而去湧浪拋樑近岸遇大

樹扳任天明獲救

十四年有一獐於日午時從青雲門入人民爭逐至黃甲門斃之

十六年內忽傳雞翅生齒民間多殺而棄之

康熙元年四月初四日天地晦冥風雷大震雹大如雞子碎瓦折樹其年大旱總督張朝璘巡撫董衛國奏奉

旨蠲稅糧十分之三

三年五月夕一更時忽見東方流星飛墜而西有聲大如斗其光白色有帶是年旱奉　蠲田賦十分之三

甯自順治十八年狼虎爲害甚劇三年八九月內乘夜入城

人心惶惑州牧徐永齡十月涖任率衆力搜連殺二虎虎患

遂絕

康熙四年旱奉　蠲田賦十分之三

五年旱奉　蠲田賦十分之三

六年水奉　蠲田賦十分之三

八年旱奉　蠲田賦十分之三

九年春苦水夏秋赤地飛蝗奇災踵至哀聲滿野士民呈控

刺史徐永齡爲民請命詳懇上憲具題奉

旨蠲田賦十分之三

十年水旱頻仍奉　蠲田賦十分之三

十一年大旱奉
旨行賑蠲減荒缺詳載田賦
十三年二月有白氣如練自東至西是年大旱詳 蠲稅糧
十分之三冬十一月北門戍卒李忠等謀不軌引土賊楊白
巾奚至州署知州任瑄猷率州同李成芳吏目潘士良營弁
朱萬壽追至半山擒李忠斬之事詳武事
十四年二月楊白巾寇銅鼓營五月初二日土賊張猶龍熊
吉昌及楊白巾入寇州城又五月初一日知州任瑄猷擊敗
之賊遁入奉武二鄉九月初三日有赤光狀如人形有帶白
北流注南方聲響若雷雉鳥驚飛二十七日賊復寇州城任

暄猷同遊擊牛鳳翔馬瑞麒守備朱萬壽堅守三月至十二月初七日賊遁事詳武事

十五年六月十三天雨水大如錢有眼八月十八日土賊張猶龍熊吉昌楊白巾再寇州城知州任暄猷同遊擊高覲光馬瑞麒守備朱萬壽郭成功堅守　簡親王遣年將軍統滿漢官兵與賊戰於椰樹坑擒斬無算賊仍竄入奉武二鄉事詳武事

十六年三月土賊張在七劉旺七熊吉昌寇安鄉九都陰晦寒雨連日不開三月初八日遊擊馬瑞麒提兵出勦斬馘無數夏四月旱農未分秧歲大饑減賦十分之三冬十一月初九日復銅鼓營知州班衣錦參戎馬瑞麒會剿道李進兵克復奉武安崇殺賊無算事詳武事

十七年大饑夏秋亢旱知州班衣錦詳請巡撫佟國楨勘報奉
旨蠲賑減賦十分之三

十八年大旱五月二十七日雨至十月初九始雨禾苗盡槁
秋稼絕粒巡撫安世鼎勘報奉
旨蠲賑減賦十分之三
十九年五月初六日連日大雨如注雷電交作各鄉山崩石
裂水漲入城泰鄉五都安鄉長茅高鄉柴潭新車崇鄉盧坊
馬市仁鄉東源西鄉張仙橋在在龍水暴發沖破廬舍田地
陂塘不計其數民被災環庭泣訴知州班衣錦申請賑恤
二十五年四月西門失火延燒城樓及跨鰲橋
二十六年秋旱　蠲賑
二十七年正月初三州東太平鋪失火秋旱巡撫宋犖勘報

奏
旨蠲賑

三十二年六月初一夜地震初三雲巖寺前失火延燒至東門外計八十餘家夏秋大旱署知州潘世勳詳請具題蠲賦十分之三本年恭遇
聖祖萬壽恩免漕糧

三十四年夏大雨衝倒南門城垣

三十八年夏大水

四十二年夏大旱　蠲賦十分之三

五十二年夏得宋黃山谷撰書順濟龍王廟碑於南山崖下

河中

五十五年四月二十七日連宵大雨水高城垜數尺舟行市上民居及公廨文卷册籍漂没殆盡鎮甯塔城隍廟學宫甕門糧倉雲巘寺佛像悉皆淹倒城市沙泥堆積鄉閒田地崩廢無算旋復大旱高下絶收知州張愷申詳巡撫佟國勷題請恤災銀九百六十兩三錢又將五十五年以前民欠盡行免徵

五十八年夏旱

六十年夏大水虎入城食畜

六十一年十月十五日有羣烏數萬大如鵝棲鳳凰山殆遍

自卯至巳始去

雍正二年歲大稔

八年歲大有

上以民俗和樂上蒙天庥蠲免江省九年分錢糧四十萬兩甯州邀免銀三千九十四兩一錢八分

十年四月初六仁鄉大雨水

十一年高鄉三十六都農民廖常茂田一莖三穗粒如瓠子

十二年歲大稔崇仁二鄉有虎患山居之民戶爲晝閉

乾隆元年九月崇鄉民弩斃一巨虎各山衆虎哀嘷旬日虎患遂息

六年夏五月大雨山水暴漲水抵學宮漂沒田廬無算奉武

二鄉尤甚知州許淵捐俸賑恤詳請上憲委員勘災軫恤

十年夏旱

十一年夏大水城市行舟

二十一年饑

二十七年秋大稔

二十八年夏大水山中多虎患

三十年春大饑穀價驟長秋大熟

三十八年庠生丁元俊壽百歲題

旌給與昇平人瑞四字匾額建坊路口柏樹下四十五年恭遇

高宗萬壽慶典時年百有七歲赴省隨班慶祝巡撫郝碩咨部

四十年夏旱

四十三年夏大旱秋薄收稻孫復實

四十四年春大饑

四十七年蒙

恩蠲免漕糧

州民彭國治妻葉氏一産三男奉

旨賞賚布米

五十一年春大疫三月清明後大雪夏大旱

五十二年四月大水五月大饑

五十四年州民張勝質妻劉氏壽百歲

安鄉鄭本拔妻鄧氏一産三男

嘉慶元年仁鄉耆民冷龍文年登百歲

嘉慶三年秋七月逆匪劉聯登等滋事尋勦平之詳武事

五年蒙

恩緩征

武鄉壽民謝堯聯年八十二五世同堂

六年奉

旨改甯州爲義甯州

七年六月七月不雨

西鄉壽民丁靈皋五世同堂咨部題　旌

八年五月六月大饑知州陸模孫發常平倉穀平糶民賴以

安九月聚星社火鷓鴣橋至黃土嶺沿燒六十餘屋

安鄉壽民陳西五年八十五子五孫十四曾孫十九元孫一

五世同堂題請奉

旨給予緞銀額　旌眉壽延慶

九年奉鄉壽民王天鏜年七十八子一孫六曾孫十四元孫

二五世同堂題請奉

旨給予緞銀額　旌遐齡緜瓞

十一年武鄉懷遠都例貢生盧紹昌年八十五五世同堂

呈請題　旌

十二年秋大稔

十三年六月大水

安鄉劉倘德之妻許氏年八十二子三孫十三曾孫十五元孫二五世同堂題請奉

旨給予綵銀額　旌眉壽延慶

十四年五月饑知州賀維錦發常平倉穀平糶委紳士顧穀奉行

崇鄉平耀元年八十五子孫曾元五世同堂

十五年武鄉衛守備劉躍龍年近九旬呈報五世同堂子孫曾元六十餘人

武鄉貢生劉雲龍之妻壽婦胡氏年登百歲呈報五世同堂

十六年六月不雨七月乃雨

武鄉懷遠都壽民鍾錫祿年登百歲知州兪銅鼓同知和具文詳報匾旌其門後壽至百有五歲

十七年正月至六月大饑民有食土者秋大熟

十八年武鄉懷遠都太學生朱廷佐之妻壽婦劉氏年登百歲子孫曾元一百六十四人五世同堂題請奉

旨賞給緞疋建坊銀兩額　旌貞壽之門建坊於交山鳳形鋪前

十九年奉鄉龍坪太學生李情德之妻壽婦胡氏年八十九

子三孫十曾孫十七元孫二五世同堂

二十一年武鄉壽婦袁敍之妻余氏年九十四五世同堂

二十三年春大水五月芝生於考棚　文昌閣

二十四年　晉封一品太夫人余氏原任兵部左侍郎萬承

風之母五世同堂刑部奏請旌表内閣另擬匾額字樣奉

旨賜給慶衍恩榮四字加賞銀兩緞疋

懷遠都耆民江安瀾一子八孫十曾孫二元孫五世同堂題

請奉

旨賞給緞銀額旌眉壽延慶道光元年安瀾年八十二例賜八

品冠帶

二十五年夏大旱自五月下旬至八月上旬乃雨秋種皆熟
不爲災
泰鄉儒童陳和燧之妻余氏年八十五子三孫十曾孫十二
元孫一五世同堂題請奉
旨賞給緞銀額 旌肩壽延慶
崇鄉把總職銜粱韜年七十七子五孫十六曾孫二十二元
孫一五世同堂題請奉
旨給予緞銀額 旌遐齡綿瓞
道光元年四月初一日辰刻 欽天監奏日月合壁五星聚奎
歲大有

一奉鄉壽民王良玉年九十九例給七品冠帶四年病卒百有二歲

二年正月浹旬大雪平地深數尺秋大稔

三年夏大水安泰二鄉尤甚

奉鄉例貢生榮元龍之妻黄氏年八十子五孫十四曾孫七元孫一五世同堂呈請　旌表

仁鄉儒童朱光華妻彭氏年九十歲子三孫七曾孫二十一元孫一五世同堂

西鄉太學生余自堦之妻壽婦胡氏年八十八五世同堂咨部題　旌

四年安鄉壽民萬鋤年登百歲呈請詳　旌

奉鄉張旣昌之妻王氏年八十三子四孫七曾孫十元孫二

五世同堂咨部題請　旌表

奉鄉贈武畧騎尉張大煤之妻　旌表節孝贈安人胡氏年

逾八旬五世同堂

武鄉懷遠都葉洪盛之妻節婦羅氏年八十六子四孫九曾

孫十四元孫一五世同堂

高鄉徐肇模妻周氏五世同堂

武鄉太學生袁觀泰之妻劉氏年八十一歲子四孫十三曾

孫二十一元孫二五世同堂以上甲申志

六年王某妻劉氏五世同堂奉
旨給予緞銀額　旌黃耇繁衍
七年安鄉耆民劉有略妻邱氏年百歲子五孫十三曾孫十
六元孫一五世同堂奉
旨旌表建坊於洄堝水口
西鄉桂首元妻武舉華之母沈氏年九十八子五孫二十曾
孫二十五元孫二五世同堂
八年西鄉胡兆林妻盧氏年八十七子五孫二十一曾孫三
十二元孫一五世同堂奉
旨額　旌眉壽延慶

奉鄉榮新堂妻節婦王氏年八十六五世同堂

九年崇鄉白土監生查玉燦妻辜氏子三孫八曾孫二十四元孫一五世同堂

崇鄉監生查觀燦年八十八子三孫八曾孫十六元孫一五世同堂

崇鄉監生王萬春妻劉氏年九十六子五孫十七曾孫四十元孫八五世同堂

泰鄉余榮宗妻葉氏年八十七子六孫二十五曾孫三十一元孫一五世同堂

十年秋大旱

崇鄉監生李經腴妻曾氏年八十四子五孫十五曾孫二十一元孫一五世同堂

武鄉黄永富妻鄭氏年百有三歲

十一年春大饑

十二年夏大水秋復疫人民多斃下崇鄉尤甚

武鄉監生胡廷選妻張氏年百歲五世同堂奉

旨賞給銀緞額　旌貞壽之門

武鄉袁映遠妻劉氏年八十八子四孫十四曾孫二十五元孫二十八五世同堂

崇鄉歲貢生盧中寶妻冷氏年九十一子四孫十一曾孫十

四元孫二五世同堂題請奉

旨賞給銀緞額　旌黃耆蕃衍

十四年安鄉熊存耕年八十七曾元繞膝五世同堂題請

旌表賞給緞銀

一武鄉監生袁斗南妻張氏年八十九子四孫十二曾孫八元孫九五世同堂

一武鄉耆民温有履年登百歲眼觀六代

武鄉鄒紹祖妻張氏子孫曾元五世同堂

一高鄉黃繼裕妻周氏年九十一子四孫十一曾孫十六元孫一五世同堂

崇鄉陳席珍妻匡氏年七十七子三孫九曾孫二十一元孫一五世同堂

十五年二月至七月不雨大饑民有食土者有司以聞奉

旨蠲免全徵

十六年奉鄉王學瑞妻林氏年八十一子三孫五曾孫十三元孫二五世同堂

武鄉查世衡妻余氏年九十子孫曾元百餘人五世同堂題

請奉

旨給予緞銀額　旌期頤蕃衍

十九年崇鄉布經歷李鈞元妻胡氏年七十八子六孫十六

曾孫二十二元孫一五世同堂

武鄉懷遠都潘應耀年登百歲題請奉

旨給予緞銀額　旌昇平人瑞建坊排埠潭溪壽至百有四歲

二十年武鄉監生謝定元年八十四妻林氏年七十七子七

孫六曾孫十八元孫二五世同堂題請奉

旨額　旌遐齡緜瓞

二十一年秋薄收冬十二月崇陽鍾人杰聚眾數萬作亂州

人戒警

奉鄉東山黄壽馨母張氏年九十二五世同堂

二十二年春大饑人食草實

奉鄉張維垣妻戴氏年八十九子孫曾元五世同堂

奉鄉榮崧塢妻胡氏年九十二曾元繞膝五世同堂

仁鄉彭蘊彩年九十二子八孫二十五曾孫二十一元孫一

五世同堂題請奉

旨賞給緞銀額　旌黃耇繁衍

二十三年三月初旬西方白氣如虹經旬乃散夏五月大水

湮沒田廬無算

安鄉職員余德材妻熊氏年八十子四孫二曾孫二元孫一

五世同堂

二十四年崇鄉監生周頌妻車氏年九十子二孫九曾孫二

十五元孫八五世同堂

二十五年恭逢

皇太后七旬萬壽奉

恩詔全行豁免應徵之稅

奉鄉耆民張景星年登百歲題請　旌表建坊

安鄉監生徐輝祖年九十一子四孫十一曾孫十四元孫三

五世同堂

仁鄉盧士盛年登百歲

仁鄉程商華妻朱氏年九十五子一孫一曾孫一元孫五五

世同堂

仁鄉朱毓蘭妻陳氏年八十八子五孫十六曾孫十二元孫二五世同堂

奉鄉王雪波妻壽婦羅氏年八十七子六孫十九曾孫十一元孫二五世同堂壽至九十三

崇鄉鄉飲鄭向日年八十三子孫曾元五世同堂

武鄉監生胡立猷副室張氏子孫曾元五世同堂

安鄉懷都邱元煥年登百歲

二十六年正月銅鼓河北上倉街失火延燒數十餘家

奉鄉壽民王槐栢年百歲子五孫五曾孫二十六元孫八來孫一六世同堂壽至百有六歲

仁鄉盧源盧昂俊妻冷氏五世同堂

武鄉懷遠都監生朱孔陽妻林氏年百有一歲子孫曾元百

數十人五世同堂題請奉

旨賞給緞銀額　旌貞壽之門建坊里居斜灣壽至百有五歲

葬本鄉來蘇香爐山附其姑百歲劉氏塋人以雙百歲名山

焉

崇鄉雙溪葉耀宗妻王氏年登百歲五世同堂知州周　額

予再祝期頤

武鄉懷遠都邱湧昌妻張氏年百有四歲五世同堂

二十七年安鄉鄉飲涂文選妻龔氏夫婦年逾八秩親見七

代五世同堂學憲張額給七葉聯芳

安鄉龔朝綬妻瞿氏年九十一五世同堂

仁鄉舉人朱學大妻劉氏年八十四子二孫七曾孫二元孫一五世同堂題請奉

旨給予緞銀額　旌眉壽延慶

西鄉廩貢生孫克繩妻曹氏年八十四子七孫二十曾孫十一元孫一五世同堂奉

旨旌額眉壽延慶

二十八年七月十一夜風雨交作崇鄉陳坊溪口大水西鄉桃峰寺後山忽崩裂蛟水暴漲噪坑水逆流至下晝坪平地

深數丈漂沒田廬無算

奉鄉郭城熊升妻節婦張氏年百齡有六題請奉

旨賞給緞銀額　旌熙朝上瑞

武鄉謝光遠妻周氏年均八十四子三孫十一曾孫八元孫

一夫婦齊眉五世同堂

武鄉懷遠監生張廷高年八十八子九孫三十六曾孫七十

四元孫十二五世同堂州牧　葉額獎綮祉遐齡學憲　張

額獎含和衍慶

二十九年六月初旬至冬月不雨

崇鄉梁[illegible]妻車氏年七十八子九孫四十六曾孫二十元

孫三五世同堂

武鄉朐則榆妻余氏子孫曾元五世同堂

三十年秋七月彗見西南方

武鄉朱廷寶妻郭氏年八十一子孫曾元五世同堂

奉鄉懷遠都監生李拔棠年七十五子二孫十曾孫二十二

元孫二五世同堂

咸豐元年正月雷電大雨

奉鄉懷遠都監生李正典妻何氏年九十子六孫十一曾孫

五十二元孫六五世同堂

武鄉何顯泰妻潘氏壽百有四歲子七孫二十四元孫二五

世同堂

武鄉懷遠都賴永清母陳氏年登百歲五世同堂

武鄉懷遠都職貞温育洲妻鍾氏年九十五子三孫十三曾孫二十元孫一五世同堂題請詳　旌

武鄉武略騎尉帥爕堂妻舉人帥星平母壽婦李氏年百有一歲子七孫三十曾孫四十元孫一五世同堂題請奉
旨給予緞銀額　旌貞壽之母建坊排埠街

高鄉吳旭旦妻余氏壽百有二歲

崇鄉童南溪妻徐氏子孫曾元五世同堂

西鄉傅在官妻丁氏年八十六子一孫六曾孫二十二元孫

四五世同堂學憲張額給翠栢長春

二年二月日旁有黑子並出逾時乃滅五月大水市行舟十一月虹見雷電西北方有白氣一道光耀遠映如月

泰鄉朱映黎妻劉氏夫婦年登九旬子孫曾元五世同堂

安鄉監生熊俊妻瞿氏夫婦年俱八十子三孫十曾孫十二元孫二五世同堂州牧葉贈祥開七葉額

武鄉懷遠都監生邱芬妻姚氏年八十子孫曾元五世同堂

奉鄉監生許有輝年九十妻張氏年九十二子三孫十二曾孫五十一元孫一五世同堂州牧葉額贈慶衍瓜緜

武鄉帥調元妻李氏壽百歲五世同堂州牧葉詳　旌

武鄉鄉飲莫如蘭妻陳氏年八十子一孫四曾孫二元孫二一

五世同堂

崇鄉新田業儒周慕賢妻盧氏年九十六子一孫四曾孫十

一元孫九五世同堂學憲張額給含飴衍慶

西鄉太學生曹定時妻楊氏年九十三子六孫十一曾孫十

五元孫三五世同堂

仁鄉盧人龍繼室吳氏五世同堂

三年安鄉民家雌雞化雄

仁鄉靈芝生於書院起鳳廳

武鄉張書鼎妻劉氏年九十七子孫曾元五世同堂

武鄉懷遠都營千總職李蘶妻林氏年八十六子七孫三十曾孫三十元孫一五世同堂州牧李額給圖開家慶

崇鄉鄉飲王欽選年八十二五世同堂

仁鄉鄉飲冷顯寰五世同堂州牧李額予椿茂椒蕃

四年三月東南方有黑氣貫日

九月民家産鵝雛二首一身

十二月泰鄉地陷又日現三輪遠浮空際

安鄉徐文鏡妻鄭氏年百有一歲子四孫七曾孫六元孫一五世同堂州牧葉額予萱茂椒蕃

安鄉鄉飲瞿位賢妻龔氏年八十四子孫曾元五世同堂

奉鄉大里監生王應賓妻節婦何氏年八十子二孫三曾孫七元孫二五世同堂

仁鄉鄉飲樊正相年八十四子五孫十三曾孫十元孫一五世同堂

五年正月初一巳刻白氣三道亘天由西北沖東南方四月十九日粤匪入寇州城五月初九日夏至兩虹並見是日城陷屠戮殆盡詳武事

奉鄉耆民李厚俊年九十有六五世同堂詳請 旌表

西鄉傅鍾傑年八十五妻朱氏年九十一子一孫二曾孫十二元孫六五世同堂

六年春黃賊竄踞州城蹂躪不堪有司奏聞奉

旨五六兩年豁免全徵

安鄉職員余德能年八十有八子八孫二十曾孫四十元孫一五

世同堂

七年秋九月蝗由西南來所至之處遮天蔽日州牧郭督工

捕撲旋禱於神尋滅

武鄉從九胡履坤子孫曾元五世同堂

西鄉鄉賓丁作孚年百有一歲題請奉

旨賞給緞銀額 旌昇平人瑞建坊路口熊家灣

八年五月大水安鄉十都沙坪民家出蛟住屋傾圮成潭

武鄉監生石康山妻王氏年百有一歲

武鄉懷遠都進士陳文鳳之祖朝清年登百歲題請奉

旨給予緞銀額　旌昇平人瑞建坊里居令公洞壽至百有六

歲

奉鄉附貢生張問明妻胡氏年九十一子五孫十六曾孫十

六元孫一五世同堂題請奉

旨給予緞銀額　旌黃耇緐衍

九年泰鄉陳崇照妻年登百歲

崇鄉周仲言妻盧氏年八十一子四孫十三曾孫十五元孫

四五世同堂

仁鄉監生冷心泉妻樊氏五世同堂

西鄉丁顯九年八十二子一孫四曾孫二元孫一五世同堂

題請奉

旨額　旌眉壽延慶

十年安鄉監生龔綸妻鄔氏年登百歲題請奉

旨賞給緞銀額　旌貞壽之門建坊長孝厚澤

武鄉吳榮桂妻羅氏年九十子六孫十二曾孫十六元孫三

五世同堂

奉鄉黃壽馨妻張氏夫婦年八十九子三孫十二曾孫十四

元孫二五世同堂題請奉

旨給予緞銀額 旌縣賜重賡

高鄉鄉飲陳鴻恩妻劉氏壽登百歲五世同堂

十一年四月僞忠王寇踞州城六月彗見北斗七月賊夜遁

擄去平民數千八月朔旦日月合璧五星聯珠聚張宿

安鄉懷都邱雲峯妻郭氏年九十五子孫曾元五世同堂

奉鄉王仲達年登百歲

武鄉原任湖南永興知縣袁珥副室脫氏子一孫三曾孫五

元孫五五世同堂

崇鄉太學生查光達妻方氏子二孫十曾孫二十一元孫二

五世同堂

武鄉懷遠都曾塘年八十八子二孫十曾孫十八元孫四五
世同堂題請奉
旨給予緞銀額　旌眉壽延慶
武鄉懷遠都淩通昌妻郭氏年登百歲子孫曾元五十餘人
五世同堂
仁鄉監生彭三瑞年九十子三孫四曾孫六元孫一五世同
堂
仁鄉劉耀元妻朱氏年九十子五孫十二曾孫十六元孫二
五世同堂署州胡額予慶衍瓜瓞
仁鄉冷居仁妻盧氏五世同堂州牧胡額予慶洽萱幃

武鄉優廩生胡友馥妻劉氏年九十五世同堂題請奉
旨賞給緞銀額　旌黃耇衍慶文宗何地山爲文以壽之
同治元年十月朔酉刻紅光霽天五色霞見中有雲紋如龍
武鄉懷遠都儒士溫海妻高氏年百歲子一孫四曾孫七元
孫十五五世同堂州牧田額奬熙朝人瑞
崇鄉懷遠都乾隆丙午科武舉李化鱗年八十一道光丙午
科重赴鷹揚　欽加五品銜年八十五子五孫二十九曾孫
四十四元孫一五世同堂妻吳氏同治元年壽登百歲
二年七月十七日寅刻地震有聲轟然自東而西簷瓦皆落
武鄉盧彰妻魏氏年八十八子三孫四曾孫九元孫二一五世

同堂

武鄉懷遠都黃桂芳妻百歲婦鄭氏之媳賴氏年登百歲

崇鄉庠生葉世芳妻李氏年八十有七五世同堂題請奉

旨旌

崇鄉懷遠都監生曾拱宸妻巫氏年九十四子二孫六曾孫

十一元孫一五世同堂

安鄉懷遠都登仕郎鄭錫拔妻劉氏年九十六子三孫九曾

孫二十一元孫五五世同堂

旨旌表

崇鄉鄉飲陳庭瑞妻張氏年九十五子三孫十一曾孫十七

元孫三五世同堂州牧葉給萱蔭長春匾額

三年三月大風雨雹大如雞子拔折古樹傾壞屋宇無算

仁鄉冷光盛妻劉氏年登百歲題請奉 旌

西鄉職員周克敬年八十五子八孫二十六曾孫二十四元
孫六五世同堂題請 旌表

仁鄉庠生朱時敏年九十妻盧氏年八十九子六孫二十曾
孫十五元孫三五世同堂

仁鄉徐人偉妻節婦范氏年八十一五世同堂

武鄉懷遠都監生廖振光妻賴氏年九十四子二孫十二曾
孫二十四元孫十八五世同堂詳請題 旌

武鄉曾發貴妻周氏夫婦年登九旬子孫曾元七十餘人五世同堂

奉鄉懷遠黃德純妻臧氏年九十三子孫曾元五世同堂署州鄧頴孚婺輝五代

四年正月二十四日戌刻地震四月霆勇叛竄州境掠去平民萬餘十一月銅鼓河南椰林街失火延燒百餘家

奉鄉監生張裕光年九十四妻郭氏年八十八子孫曾元五世同堂詳請題　旌

武鄉懷遠鄉飲薦萬容年八十七子一孫三曾孫十四元孫九五世同堂

仁鄉陳思林年九十子一孫六曾孫十一元孫三五世同堂

仁鄉監生朱學純妻樊氏年九十子五孫九曾孫十三元孫一五世同堂

仁鄉張榮滋妻樊氏五世同堂

武鄉懷遠都九品鍾光琥年八十五子三孫五曾孫三元孫二五世同堂

武鄉懷遠都鍾志銘妻鄒氏年八十六子五孫二十曾孫二十八元孫十五五世同堂

仁鄉陳思純妻節婦吳氏壽百歲子一孫六曾孫十六元孫十二五世同堂詳請題旌

五年夏秋大旱

仁鄉蒼嶺樊映東妻冷氏年登百齡子四孫十二曾孫二十二元孫八五世同堂

六年武鄉懷遠都職員盧敦化年八十九妻張氏年八十四子四孫十五曾孫八元孫一五世同堂署州鄧奬以齊眉熙頒額

武鄉胡謨正妻熊氏年百歲堂同五代詳請奉 旨 旌表

西鄉太學生軍功六品曹定喆年八十六子三孫十曾孫十二元孫四五世同堂

西鄉太學生丁贊颺妻胡氏年九十五子二孫四曾孫十二

元孫四五世同堂

七年四月洪水暴漲山崩地裂損壞田廬無數江中現異物形如牛隨濤出沒八月春笋生桃花開結實可食

安鄉劉正鋙妻幸氏曾元繞膝五世同堂

洚鄉懷遠都鍾譽發妻賴氏年七十八子孫曾元五世同堂

崇鄉太學生周復年九十三子四孫十四曾孫三十四元孫四五世同堂

崇鄉監生李徽年八十二子二孫六曾孫七元孫一五世同堂

武鄉石長齡妻張氏夫婦年逾八旬子孫曾元男婦七十餘人五世同堂

仁鄉慎坊吳夑占妻朱氏五世同堂

仁鄉朱與成妻黃氏年八十八子七孫二十二曾孫十元孫一五世同堂

武鄉懷遠都賴永清百歲婦陳氏之子年百歲學憲何獎以熙朝人瑞額

八年五月十九晨大雨如注崇鄉五十三四五都頃刻水高八九丈波濤汹湧石裂山崩廬墓田園漂沒無算知州賓詣勘詳請緩徵

奉鄉張遊法妻時氏年八十四子四孫十曾孫十五元孫一五世同堂題請奉

旨額　旌眉壽延慶

奉鄉監生王家模年登百歲題請　旌表建坊額　旌昇平
人瑞
武鄉懷遠都江逢源年八十七子九孫二十曾孫三十一元
孫二五世同堂題請奉　旌
武鄉懷遠都監生淩金聲年九十一子五孫十一曾孫十三
元孫一五世同堂
武鄉懷遠都監生曾輔年八十七妻吳氏年八十八子五孫
十八曾孫二十二元孫一五世同堂
九年安鄉能愛羣妻瞿氏年登百歲
安鄉耆民鄭樹遠妻徐氏年登百歲

安鄉耆民鄭會海妻曾氏年登百歲
安鄉善耆許化邦年登百歲
西鄉武生余殿颺妻胡氏年登百歲
武鄉鄉飲熊映春年百歲子五孫十四曾孫十四元孫三五
世同堂題請　旌表
仁鄉熊序儀妻周氏年八十一子七孫二十三曾孫三十元
孫七五世同堂
崇鄉新田鄉飲周毓芬妻梁氏年八十六子四孫十六曾孫
十八元孫六五世同堂
崇鄉周慕湯妻車氏年七十四子一孫一曾孫三元孫一五

世同堂

高鄉姚有璵妻節婦鄧氏年八十八子孫曾元五世同堂

崇鄉鄉飲帥馨蘭妻匡氏年九十四子四孫十八曾孫十三元孫二五世同堂

仁鄉太學生冷振藻年八十曾元繞膝五世同堂

仁鄉太學生冷芳藻妻朱氏年九十六子四孫二十曾孫四十元孫十一五世同堂

奉鄉太學生欒懷藹妻黃氏年八十三子五孫十六曾孫十四元孫一五世同堂詳請題旌

奉鄉欒錫暘年九十子三孫十曾孫二十二元孫六五世同

堂題請奉　旌

武鄉黎仁寬妻張氏年百歲子孫曾元三十餘人五世同堂

武鄉羅福嵩年九十妻溫氏年八十八子孫曾元三十餘人五世同堂

奉鄉王聲遠年七十四子四孫九曾孫一元孫一五世同堂

仁鄉徐象萬妻盧氏年九十五世同堂

仁鄉泠我求妻樊氏年登百歲

安鄉石承栻母張氏年八十六子一孫三曾孫十元孫一五世同堂

武鄉例贈儒林郎黄德全妻劉氏年九十子二孫五曾孫十

三元孫一五世同堂

武鄉懷遠都温亘壽婦鍾氏之子年九十子四孫十曾孫十七元孫一五世同堂詳請題　旌

武鄉懷遠都温昦興妻黃氏年八十五子二孫二曾孫二元孫一五世同堂

武鄉吳家善妻戴氏年八十七子三孫五曾孫八元孫一五世同堂詳請題　旌

武鄉懷遠都州同銜黃祥雲年八十五妻湛氏年八十四子七孫二十五曾孫二十元孫一五世同堂詳請題　旌

武鄉懷遠都修職郎鄒常連妻曾氏年八十七子五孫十一

曾孫五元孫一五世同堂

武鄉懷遠都淩文恭妻邱氏年九十二子二孫六曾孫十元孫一五世同堂

武鄉懷遠都耆士李萬興妻鄧氏年百歲子二孫八曾孫二十元孫一五世同堂

武鄉懷遠都耆職賴榮妻邱氏年九十子四孫十二曾孫四十四元孫九五世同堂

武鄉懷遠都陳仕義妻潘氏年百歲子孫曾元五世同堂

武鄉懷遠都布經歷賴映斗妻李氏年八十八子六孫八曾孫十三元孫一五世同堂

武鄉耆賓謝耀彩年八十五子二孫七曾孫六元孫二五世同堂

武鄉西向周大樸妻劉氏年登百歲眼覩四代

仁鄉耆賓樊琦琬妻冷氏年登百歲五世同堂

安鄉懷遠都監生林穎超妻陳氏年百歲子八孫三十七曾孫四十八元孫一五世同堂

仁鄉盧源盧宏安妻冷氏年登百歲子五孫十三曾孫五元孫二五世同堂

仁鄉樊明星五世同堂

仁鄉盧源盧耀光妻冷氏子三孫十曾孫三十元孫十二五

世同堂

一仁鄉慎坊吳書典妻樊氏五世同堂

仁鄉東源泠高標妻樊氏壽百歲子二孫七元孫三五世同堂

奉鄉　誥贈奉直大夫李祝妻　誥封太宜人節婦張氏年八十四子二孫五曾孫九元孫一五世同堂

十年二月二十六日午晡後烈風折樹碎瓦州治西擺上壓毀屋宇無算

武鄉從九謝玉廷妻陳氏年八十六子六孫十二曾孫十三元孫二五世同堂

崇鄉陳英華年九十子一孫三曾孫六元孫一五世同堂學
憲　李額　旌延齡濟美
仁鄉彭雅清年登百歲子八孫二十曾孫三四世一堂
高鄉黃沙鄉飲李湞妻徐氏年九十一子孫曾元共四十餘
人五世同堂詳請題　旌
朱學劉妻樊氏壽百歲
高鄉圖尾鄉飲黃鍾傑妻謝氏年八十八子二孫九曾孫十
元孫四五世同堂
高鄉白沙劉友月妻溫氏年九十一子二孫五曾孫四元孫
一五世同堂

高鄉黃方成妻甘氏壽百零二歲

高鄉王天瑛妻馮氏年八十六子一孫五曾孫十五元孫四五世同堂

安鄉懷遠監生曾　耀妻林氏年八十子孫曾元五世同堂

高鄉巨塘陳平章妻溫氏年七十九子一孫一曾孫二元孫一五世同堂

安鄉懷遠修職郎謝學愔年登百歲

武鄉懷遠郭興爵妻何氏年八十八子孫曾元五世同堂

奉鄉懷遠郭紹清妻廖氏年九十一子孫曾元五世同堂

奉鄉懷遠何志先妻戴氏壽臻百歲

崇鄉五十三都鄧有藩妻袁氏年八十五五世同堂

奉鄉大里王國模年八十二五世同堂

奉鄉大里王炳酯妻胡氏年七十八五世同堂

西鄉太學生丁贊颺妻胡氏年登百歲子二孫四曾孫十二元孫四五世同堂奉

旨旌表建坊

奉鄉東嶺下黃光鴻妻張氏年九十五世同堂

奉鄉懷遠都李茂英妻黃氏年登百歲學憲張額給春暉衍慶

奉鄉監生張崇福妻李氏年均八十子孫曾元五世同堂

仁鄉張國海妻朱氏年九十六子三孫十二曾孫六元孫一五世同堂

仁鄉朱唐初妻鄭氏壽百有二歲

奉鄉許思錦妻節婦石氏年八十二子孫曾元三十餘人五世同堂

武鄉鄉飲劉連軒妻王氏年七十八子孫曾元五世同堂

奉鄉張元泰年九十子孫曾元四十餘人五世同堂

武鄉懷遠都太學生魏其鐖妻黄氏年八十一子二孫十曾孫十二元孫一五世同堂

同治十一年五月州城南桂花盛開異香數日不散

奉鄉黄學忠妻朱氏年八十九子孫曾元七十餘人五世同堂

仁鄉下衫朱活源妻陳氏年九十六子五孫十七曾孫二十八元孫十來孫二晜孫一州憲葉額贈七葉衍祥

武鄉懷遠都職員李映貢年八十七子六孫二十一曾孫二十九元孫二五世同堂

武鄉懷遠都邱文瑞妻馬氏年登百歲咸豐元年呈報學憲張額旌貞壽延祥

安鄉懷遠職員洪章妻李氏年八十子孫曾元五世同堂

武鄉懷遠州同職賴必達妻鄒氏年八十子三孫十五曾孫十七元孫一五世同堂

武鄉懷遠耆民藍兆春年登百歲子孫蕃衍

奉鄉十五都熊發中妻劉氏年八十二子七孫十一曾孫七

元孫一五世同堂

奉鄉廿六都懷遠黃宣榮妻曾氏子孫曾元五世同堂壽臻百

歲　知州周額贈

安鄉懷都洪恩坤年八十五世同堂

武鄉監生溫山年登百歲咨請　旌表建坊

武鄉監生邱見章年八十妻馮氏年七十九五世同堂

仁鄉朱渾庵元配壽母樊氏年九六元孫三　旌表五世同堂

【同治】武寧縣志

（清）何慶朝纂修

清同治九年（1870）刻本

武甯縣志卷之四十三

武甯縣知縣粤東何慶朝纂

祥異

天人之際王者所敬叶寒燠雨暘休咎是徵粤稽古帝德契穹冥五風十雨河嶽輸靈有一不順垂象致懲恐懼修省肯愿斯寢叶藐爾巖邑遭遇昇平大化翔洽四靈充庭感召不爽昭示後人叶志祥異

漢

元和三年海昏出明月珠大如雞子圓四寸八分古今注

按舊志載大始元年誤此時武甯即海昏地

晉

武帝太康元年豫章生嘉禾按志三年白雀見豫章瑞玉七年

木連理生豫章太守蘭隸以聞（安志）

按太康元年改西安縣爲豫章縣

永興元年彩雲覆豫章甘露降麒麟見（安志）

永嘉末豫章有大蛇長十餘丈斷道過者輒吸之吞噬百人吳猛與弟子殺之猛曰蜀賊當平矣既而杜弢滅（豫章書）

按許遜傳載海昏有巨蛇遜仗劍斬之此云弟子當屬遜

大興元年正月麒麟見豫章（豫章書）冬十二月豫章地震水湧出（鄭樵通志）二年夏五月蝗（豫章書）三年春正月白鹿二見豫章（孫氏瑞應圖云白虎）

咸和二年夏四月己未豫章地震（鄭樵通志）

太元十四年桐木連理生豫章藝文類聚冬十一月辛亥白虎見豫章豫章書

宋

文帝二十二年豫章豫甯得銅鐘江州刺史盧陵王紹以獻豫章書係廣陵王 按江西考古錄鐘字係鍾瓮之鍾盧陵王

大明七年二月月犯南斗第四星大魁中占曰豫章受災豫章王子尚死宋書天文志

齊

永明五年春三月豫甯縣長岡山得神鐘一枚豫章書

唐

元和二年大旱十五年水

宋

景祐元年八月大水

紹興四年水

二十七年大水

乾道四年旱五月秋七月乙亥龍鬭於縣西北大雨俄頃迅雷起東南二龍奔逝墮珠於復塘村大如輪爲牧豎所得自是連年水菑

七年首種不入大饑民食草實

八年大旱

淳熙十四年大水

紹熙四年大水

元

大德元年水

七年饑

九年六月水

延祐元年秋八月水

至順元年饑

至元元年大饑人相食

至正十年大水

十四年夏四月大饑

明

洪武元年大水暴溢

永樂十年夏四月雨至五月大水漂沒民居户部撫䘏
書

宣德八年水

九年饑

十年大饑

成化三年旱

七年春雨大水䘮

十三年大旱饑民食樹皮死者無算

宏治六年大水衝廢田廬得減賦

正德元年縣治内飛火四起廬舍幾盡䘮

七年旱餓殍盈途

嘉靖元年大水民多漂没饑

四年饑

五年大旱

九年庚寅七月紫芝産賓陽岡

十三年旱大饑

十九年大水

二十三年旱大饑民食樹皮死者甚衆

二十四年旱

四十一年水

四十三年水

四十五年饑

隆慶二年旱饑

萬歷十六年春大水傷麥　夏旱傷禾　秋七月雨雪

十七年旱自五月至九月始雨早晚稻俱傷民大饑疫

癘盛行

十九年大有年

二十五年水

二十六年大水自四月雨至五月初五日水入縣門邑城民居浸頹過半男婦多漂沒十八日縣南出蛟水暴漲田禾淹沒隴畝成溪饑溺交困縣令周道昌發倉賑救民賴以生　秋旱

三十二年大水漂沒民居溢城市東南城樓倶圮田地淤塞民洗溺無算

三十六年大饑

三十八年大水蝗

泰昌元年十二月中旬大雪至次年二月中乃止

天啓四年四月星隕石梘聲如雷其色黑

五年夏大饑知縣徐士華議賑胥吏沮之不果

崇禎四年七月十七日夜地震十月十一夜又震省城亦如之

九年旱大饑

十年晝晦

十四年大旱

十六年火延燒城東門及民房二百餘家　又明年地震有鳥如雞數百集縣西龜山一夕飛去

國朝

順治三年大旱

四年夏大饑斗米銀八錢民多餓死

五年大有年斗米銀三分

十年四月初四日雨雹如石殺鳥獸　五六月旱　七

月中大雨中晚稻蝗

十一年縣署王夫人祠產芝三本

十三年閏五月大水波濤中有黑物大如山自甯州沿江而下入縣境至石溪乃沒州民李維常妻僕漂流過此親見之　十一月民間有訛言一時男女無長幼婚嫁殆盡

十六年旱五六兩月不雨無禾減賦十之三

十八年夏雨二越月傷禾　六七月旱中晚稻傷

康熙元年大旱減賦十之三

二年三月旱至五月初九日雨

三年大有年斗米銀三分

十七年旱

十八年旱

二十六年旱

二十七年旱

四十四年乙酉十一月廿七日城中火自看鶴橋起延燒至上坊林家巷

四十七年戊子夏秋間疫癘盛行民多死者

五十四年乙未虎嚙數十人

五十五年丙申夏四月末旬雨至五月朔洪水暴至高下田地皆沒沿江室廬殆盡小舟從女牆入城市惟縣署及盛文郁祠白馬廟未淹　秋七月虎入縣城　冬十一月虎由曹婆洞入城

雍正元年癸卯冬日大風拔木數十圍者亦起

五年丁未夏大饑

十年壬子虎傷人無算

十一年癸丑虎噬多人

春三月十四日夜南山雨雪

乾隆元年丙辰春正月朔日彩雲覆太平山彌日乃散

三年戊午春正月初十日晝晦黑雲起西北雷隱隱不發聲屋宇林木皆震須臾大雨雹長樂鄉大田沙灣上戴諸境屋發木折人竄伏如蝟魚鱉沸駭麥縱橫委地禽獸多仆傷雹大者重五觔

四年己未除夕酷熱如盛夏人不能任衣摇扇揮汗農工多浴溪澗中夜半雷鳴

五年庚申春大雨雪奇寒　二月火自城中下坊起延

燒二百七十餘家

七年壬戌冬苦竹花實

八年癸亥四月大饑民食竹實　六月十三日夜明如晝蛟出茗竹港水暴漲衝廢田舍

九年甲子秋七月大旱至十年乙丑夏五月初三夜始雨雨後又旱至十月乃雨

十一年夏五月朔大水舟入城市沿江禾被傷

十三年大有年

十四年大有年

十五年三月初六日大風拔木發屋

十六年春大雨雪夏大饑

十七年春季大饑民食蘇薇及蕨　秋大有年

二十二年丁丑冬夜城中地震

二十五年庚辰夏藿溪雨雹大者重五六觔傷屋瓦

二十八年秋稼熟

三十年乙酉荒民有食土者平糶

三十二年丁亥支仲源雨紅粒如珠居民呈獻稱瑞

三十三年戊子夏不雨知縣黃窓率同官步行四十里
抵石犢洞禱雨　秋稼大熟

三十四年己丑麥穗雨歧

三十五年庚寅昇仁鄉水淹沒村民無數　秋冬旱麥
不能下種

四十年乙未夏大旱傷稼

四十一年丙申五月水

四十二年丁酉夏大水入城

四十三年戊戌大旱　秋稼熟

四十四年己亥荒升米二十六錢民食蕨薇饑不爲害

四十六年辛丑夏旱　秋稼大熟

四十九年甲辰四月大風屋瓦飛空如飄葉

五十年乙巳夏旱縣令石讚韶循黄令故事率同官禱雨石甕洞雨降　九月初旬雨雪傷秋稼民食蕨

五十一年丙午春荒斗米價錢三百六十文　三月清明後六日大雪深三尺

五十三年戊申六月大水舟可入城南門城樓倒塌

八月年豐鄉三十都民雷元溥妻張氏一産三男報縣詳奉轉請

恩賞米五石布十疋

五十四年己酉下南鄉陳貴上妻余氏年八十歲親見

元孫五世同堂

五十七年壬子夏旱

五十八年癸丑長樂五十三都被水冲損田畝并坍塌

瓦草房屋縣令黃駿捐廉撫卹具文申報

六十年乙卯昇鄉二十都耆民葉先達　親見七代詳

奉轉請

恩賞七葉衍祥匾額

嘉慶四年九月十字街四圍俱火延燒

七年壬戌六月旱本年應完錢漕詳奉轉奏

恩旨緩征

十四年己巳下南鄉監生邱德馨妻温氏
例贈修職郎秀昆之母邑庠生英佐監生兆綸文理舉人文
蔚之祖母邑廪生攀桂之曾祖母七十四歲親見元孫
五世同堂
十六年辛未夏秋亢旱禾黍皆枯縣令詳奉轉奏
恩旨緩征本年未完民屯錢漕民食蕨根苦菜藷葉　冬縣
東門火延燒八十餘家
十七年壬申秋太白經天
十九年四十四都民賴永松年七十四歲五世同堂稟
報知縣尹作翰給慶衍曾元額
二十年乙亥昇仁鄉十八都麥穗兩岐亦有三岐者
三十都民洪啟鯉五世同堂具呈稟報

二十二年丁丑三月雨雹傷稼
二十四年己卯三月二十九都民蔣淡秋妻楊氏一産三男報縣詳奉轉請
恩賞米布照例折銀四兩九錢給領
二十五年庚辰自五月至七月不雨高下無收窮民就食他方縣令詳奉轉奏
恩旨緩征本年應完錢糧 七月廿四夜順義鄉瀧溪有農者夜守宿田間仰見天開一路簫鼓齊鳴若迎仙狀頃刻遂沒
道光三年年豐鄉傅季三年九十七歲五世同堂稟報知縣陳雲章給康強逢吉額 北鄉汪賢溶之妻魏氏年百四歲 江陰鄉姚彩章年百有二歲俱具呈稟報

五年乙酉八月彗見

七年丁亥坊市余道鉥年百歲知縣殷思濂造廬稱觴踰三年没　安樂鄉任直隸饒陽縣知縣王子音之妻

勅封孺人汪年八十三歲親見七代五世同堂稟報知縣殷思濂給熙朝人瑞又由三男瑞芝徽州經歷任所詳報

安徽學政汪守和以鶴籌燕翼額之

十年二月上南鄉三十九都監生鄒翼廷年八十歲五世同堂稟報知縣朱艮翰詳奉　部題覆照例

恩賞緞疋銀兩并眉壽延慶額

十一年辛卯五月八日雷雨發蛟大水十三日更甚視乾隆戊申高數尺近水田舍漂没城南舟至十字街縣令詳奉轉奏

恩旨被災之鄉緩征

十二年壬辰旱荒穀昂甚每石制錢約二千七八百七月廿六日平旦天朗無雲有火毬隨西北方雷聲隨之

十三年癸巳疫鄉民斃者無數　瓜源淨明堂李致菴舊隱處堂後有桐數畝及時不花既吐新幹其狀爲刀爲鉞爲立瓜爲龍仗俏官司前列導

十四年甲午監生陳履青年八十一歲親見元孫五世同堂

十五年乙未上南鄉石門樓張思誠年九十六歲五世同堂稟報教諭黄濡給有九袠大齡身爲祖之祖一堂五世眼見孫之孫十八字聯贈之　下南鄉賴玉輝之妻鄧氏亦親見元孫五世同堂　八月蝗初自建

昌入境蔓延徧野知縣林躬率兵役出捕復捐俸募民
冗地火攻彌旬不滅忽西風暴雨詰朝遂絶
十六年丙申天雨黑黍
十九年北鄉劉宇峰之妻張氏年八十七歲五世同堂
稟報
二十一年辛丑四月二十八日地震與國瑞昌同八月
二十六日大雨雹傷粟及蕎冬月大雪冰堅如鐵死於
道者無算時年豐石艮山吳楚要衝有新嫁婦乘輿度
嶺僕從失足併轎之虎亦跌死　上南鄉四十都二圖
圖下余夢陽年八十三歲五世同堂具呈稟報
二十二年壬寅六月四日大風拔木下南尤甚居民田
姓數仭牆圮瓦石如飛八月四夜有白光一道與河漢

並自天市垣穿入紫微垣

二十三年癸卯二月八夜天西角有白氣形如練首尾尖橫畢觜參三宿下十餘夜沒三月初十夜長樂東坑雨雹大者尺餘殺鷺鷥數翼菜麥屋瓦皆傷

二十七年丁未年豐鄉三十三都溫湯張宗麗五世同堂具呈稟報

二十八年戊申年豐鄉三十三都陳橋村王槐得妻程氏年八十七歲五世同堂稟報　邑令李給齡延五世額　本村王槐梅妻金氏年百歲　本鄉二十九都池塘裏淡方有妻方氏年百歲　昇仁鄉十都菖蒲塘庠生盧焰妻張氏年九十四歲五世同堂俱稟報

七月雷震文峯塔傷頂

道光二十九年五月初五大雨傾盆北岸自九宮山至昇仁
鄉洞口等處水勢澎湃山裂地陷延河堤岸俱平

新增祥異

年豐鄉三十都張遠明妻陳氏年八旬五世同堂孫曾
六十有二人邑令楊給瑞集德門額又楹聯云百忍九
世本先型緬仁孝慈和八旬餘懇懇勤勤淑慎終身昭
閫德五代一堂欣再見看元曾孫子六十二焜焜炳炳
斑斕繞膝迓天庥卒年九十四兒孫共百餘八人

北鄉封翁黃錫環妻王氏年逾八十五世同堂邑令諸
葛給有祥開五葉額

上南鄉姜敬書妻龔氏五世同堂

上南鄉葉坦吾與妻魏氏年逾七十事繼母張六十餘

年和氣婉容人以孝稱子孫數十餘人五世同堂

上南鄉羅德三五世同堂邑令霍紹熙朝人瑞額

順義鄉瀧溪鄭靜菴有孝行年八十餘五世同堂

順義鄉瀧溪鄭承汶妻黃氏年九十五五世同堂

上南鄉桀松圖妻陳氏高年百歲

年豐鄉雷明達妻曾氏壽登百歲五世同堂知縣翁給

元祝期頤額

下南鄉四十三都監生邱學三妻馬氏五世同堂邑令

周給五世其昌額

咸豐二年十月彗星見

咸豐五年乙卯賊寇義甯州餘城破屍漂修江排擠而下見

者無不酸鼻

咸豐六年丙辰大旱自三月不雨至八月有田百畝者絕食

丁巳飛蝗蔽天鄉人鳴金驅逐縣令冒宰紳董督勇甃以火器設局懸賞有捕蝗者過秤給值冬示民掘蝻

戊午五月大雷雨一夕盡湮

咸豐十一年辛酉五六月彗星見

咸豐十一年辛酉夜有麂入都司署一時驚駭野猪遍佈山間大者數百斤纍纍川走踐害山苗鄉民苦之晝夜鳴梆以逐

咸豐十一年辛酉十二月天寒浹旬不見日色二十八日大雪三日深五六尺月餘始消樹上鳩雀跕跕墮地死麞麂被雪竄入人家樟橙等大五六圍多萎修江流水及酒甕溲器皆冰水鋼為之破湖居人至無水可汲融雪

以供用焉

咸豐同治年間山中多野猪不畏刀銃倏有獸行走如飛鄉人稱爲野馬野猪遇之亦蹲踞焉

同治三年二月雷震東渡塔頂

同治四年乙丑二月夜大風傾民房無算

同治八年己巳五月十二都大雨雹

冬城東門看鶴橋火延燒數十家

同治九年庚午七月北鄉南皋村猝有怪風吹折民房並雨雹碎瓦

上南鄉監生鄒名顯與妻張氏同登大耋讀書明義素性慷慨邑令陳給以急公勸學額孫曾輩近百人五世同堂

順義鄉范秉元之妻徐氏年登百歲

年豐鄉戴欽明妻王氏年八十一歲五世同堂稟報給有匾額

江陰鄉四十五都王家幹之曾祖母鄢氏年七十有八五世同堂

年豐鄉三十二都汪耀南之妻戴氏年九十一歲五世同堂

長樂鄉五十都鄉飲大賓盧蕊冰年八十歲五世同堂

同治九年七月邑西哨背周逢秀白晝爲惡獸搏噬於道有少年從人往擊之獸躍出人立攫少年肩臑間少年奮挺大擊獸死口尚有人肉土人謂其狀不類虎然白日血人於牙爲民害而撊然不畏人擊可謂猛於虎矣武寧百年所未有也

北鄉二十五都湯世鏗仝妻余氏年俱九十歲五世同堂
上南鄉四十都周子實妻陳氏年九十三歲五世同堂
上南鄉四十都張之樫妻葛氏同治三年六月二十四日一
胎三男長紅臉次黑臉三白臉撫育月餘而夭
北鄉二十六都王浣隆妻盛氏年八十歲五世同堂稟報
邑侯魏公給有匾額
長樂鄉　例贈文林郎呂兆鰲妻劉氏太學生盛譜盛旭郡
庠生孝廉方正盛鳴之母恩貢生光熊之祖母舉人佐
周之曾祖母年九十四歲五世同堂
順義鄉坳下黎瑞軒年八十七歲五世同堂

補遺

康熙戊辰四月十七日烈風大作山口張氏受禍最慘宮室

悉飄舉空中四圍牆垣飛擲如亂蓬參天大樹掣向大江去一村死者凡三十人壯者膚剥骨脫或兩臂抱頭而死幼者吹入雲間墜若尫觧其殘息尚存者十一人皆脫落蹣折昏迷不省眞山鄉亘古未有之奇變也邑秀才蕭露瀼有烈風吟以紀其事

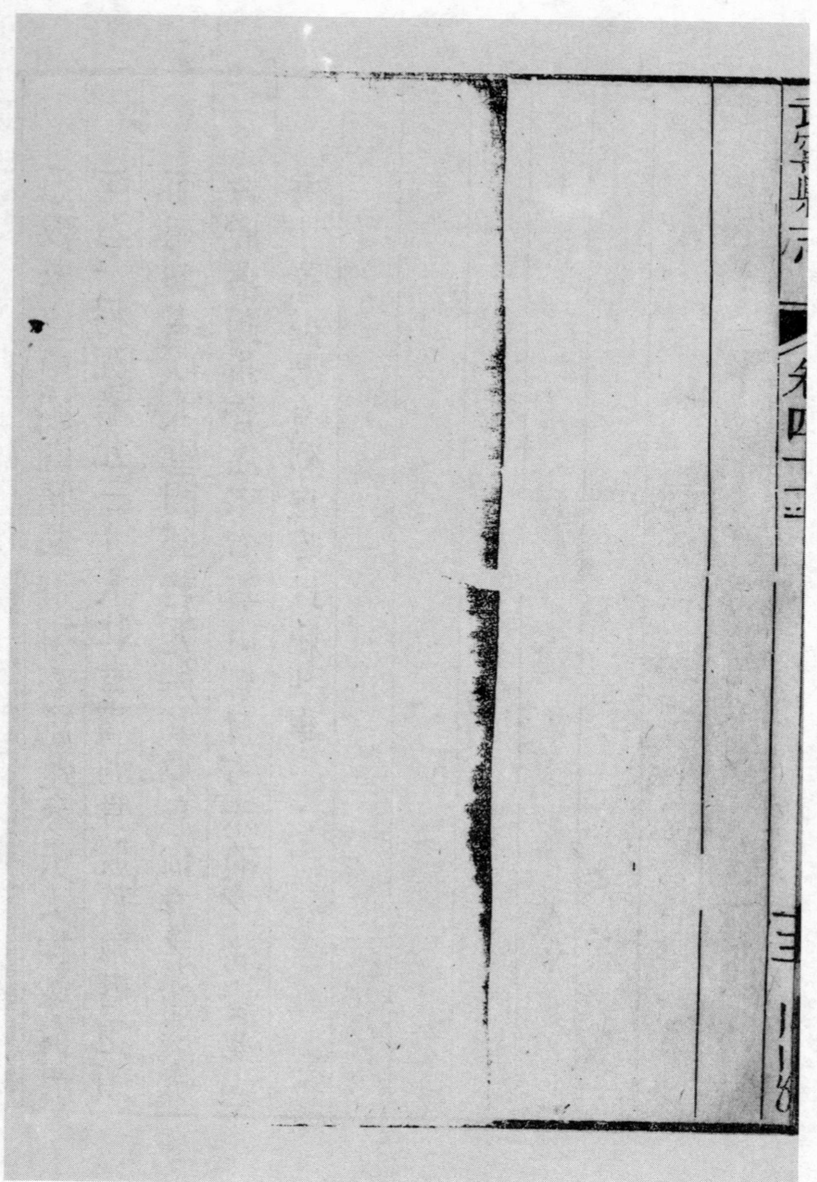

（清）盛元等纂修

【同治】南康府志

清同治十一年（1872）刻本

祥異

漢元和三年海昏縣出明月珠縣東十五里地名珠溪大如雞子圍四寸八分古今注

晉太康元年龍見於建昌縣七里汀立祠祀之禱雨輒應省志

唐顯慶四年建昌縣白烏集同上

大歷間仙鶴巢於建昌大果寺樹舊志

貞元間白鹿見於廬山李渤飼以自娛今書院之西有鹿眠場其遺跡也同上

宋雍熙二年大雨雪江冰可勝重載同上

淳熙七年大旱不雨至九月八年又旱同上

開禧元年大旱八年又大旱八月乃雨同上

元大德七年夏五月饑十年夏六月蝗豫章書

至治二年建昌大水山崩同上

元統二年秋九月旱同上

明洪武元年西河出蛟水暴溢建昌縣志

永樂十年夏澇漂沒民舍同上

十一年春二月建昌饑豫章書

至正十八年星隕於鄱陽湖如帚都昌縣志

十三年夏水壞廬舍没禾稼建昌縣志

洪熙元年夏水傷稼同上

宣德八年大水省志

正統五年夏霖雨六月亢旱同上

十二年水災民飢同上

景泰二年連理枝生於建昌縣依仁鄉熊宗昌宅舊志

五年六月十五日至十八日建昌甘露降七月二十一日至二十五日再降於儒學明倫堂庭徑西偏之松上枝葉凝結見日不晞同上

七年夏秋久旱建昌縣志

天順四年饑同上

成化元年旱七年雨木冰同上

十四年府文廟產五色靈芝省志

十八年龍出於府學泮池同上

宏治元年廬山芝草生有一本十餘莖者同上

是年白鹿洞山產芝七十餘本舊志

六年建昌縣大水同上

是年白鹿洞芝草盛生省志

七年九年大水建昌縣志

十四年建昌縣文廟正殿西北角產五色芝同上

十七年夏六月廬山鳴三日雷電大雨平地水湧丈餘蛟四出石崩數十處省志

正德七年旱大饑疫米價騰甚建昌縣志

十年八月朔日食昏晦如夜星辰晝見舊志

十六年靈芝產於安義縣文廟東柱同上

嘉靖元年星都建大水舟行入市秋九月建昌地震同上

十一年建昌縣大蝗蔽日同上

十二年夏四月大水省志

二十三年旱大饑同上

二十八年建昌大水高二丈餘舊志

二十九年夏五月五老峯蛟出數百 省志

三十年破山來一彪以虎而大毛體尖喙一日而噬十七人 同上

三十七年正月靈芝產於生員王堯臣家 都昌縣志

四十二年夏饑疫 同上

隆慶二年饑 建昌縣志

萬歷二年二月建昌下藍雨七月朔星子大風雨揚砂走石平地水深丈餘漂沒田廬舍若干 舊志

三年冬都昌縣文廟災 同上

五年二月星子火延燒居民廬舍數百家 同上

十四年建昌有巨蛇一角六足如雞距不噬人蛇六足者名肥䗂見則千里內大旱後十六七年果大旱省志

十七年春夏大旱饑疫永豐鄉大雹傷稼建昌縣志

十八年四縣大旱疫舊志

十九年星子縣文昌閣來一鳥似鸞省志

二十年二月星子縣西南鄉大雨雹如鴨子屋瓦皆飛晝日如晦咫尺莫辨舊志

二十九年建昌學宫桂花結子省志

三十二年獲白鹿二同上

三十五年海鳥長丈餘集於建昌縣之西湖見雞犬之類

輒圇吞之鄉民以弧矢射之弗中以金鼓怖之弗動月餘乃去舊志

三十六年六月大浸都昌漂沒縣門屏牆十餘日居民架木以渡建昌廬舍場穀一皆漂散同上

三十七年大水建昌淤沒縣堂四十餘日同上

三十八年二月初四夜四縣地震房屋盡皆動搖同上

四十年連年大水同上

四十二年春廬山蛟出水湧省志

是年建昌饑建昌縣志

天啟五年城內喻日五宅雨紅雨安義縣張志稿

崇禎四年秋七月十八日地震九月十六日天鼓鳴十月

十六日又地震省志

六年都昌縣自五月至九月百十日不雨舊志

九年大饑同上

國朝順治元年甘露降都昌縣志

二年廬山太乙觀生瑞芝九本省志

三年四縣大旱無秋舊志

是年靈芝生文廟東廡安義縣志

四年水災無麥斗米七錢凡三閱月舊志

是年春大饑夏大水秋大有年都昌縣志

五年大雜兵燹婦女踉蹌奔避俘去者無算 建昌縣志

六年雞有角訛言與人多惑於禨祥飯僧作盂蘭會以禳之 同上

是年正月十二日晝晦如夜咫尺無睹 都昌縣志

八年靈芝生文廟東廡 安義縣志

九年三月有虹墮於渣湖東小池長可尋丈五色爛然經日始散 省志

是年三月地震有聲夏大旱十四年夏又大旱十八年大水 都昌縣志

康熙元年旱 省志

二年建昌安義旱縣志

三年高陂石嘴頭山有聲如吼又山木自動建昌縣志

七年六月十七夜地震七月大雨平地水起丈餘廬山蛟出無算高下崩者以百計沖倒慧日寺沒僧人三口破壞近山田地山塘渰死男婦六口舊志

是年三月十一日晝晦如夜大風拔木發屋顛仆行人都昌

九年冬大雨雪寒凝異常江湖凍合途無行人者數日上鄉一帶多虎患至癸丑年春始移去舊志

十年四縣大旱五月至十一月不雨米價湧貴同上

十一年都昌四月十五日卯時有物如蛟長數十丈大如桶色赤如火羣星護之從東北沒於西南其聲如雷七月十五日酉時有物過空照室通紅聲如雷殷不知其終同上

十二年虎白晝走平坂噬人死者無數有斃虎者剖其胎一胞七子知縣陳瑋具羊豕爲文告之其患稍息安義縣志

三十一年建昌縣大水省志

三十六年秋星子安義二縣旱同上

三十七年夏建昌大水同上

四十四年余顯微家產芝都昌縣志

五十五年建昌縣大水省志

雍正三年建昌縣秋禾水災同上

四年大水五年三月大雪都昌縣志

乾隆八年霪雨害稼同上

九年西山虎患多傷人安義縣志

十一年五月大水同上

十二年大有七月水漂壞場圃同上

二十一年大水饑都昌安義二縣志

二十四年六月水漂壞場圃安義縣志

二十九年大水次年大旱 都昌縣志

四十九年有鹿入泮池 同上

五十年大旱斗米四百八十文湖地有草名牛年糧民掘食殆盡路多餓殍臘月下旬上鄉每薄暮東南方火光燭天亙十餘里居民駭爲兵至爭相驚避 査志稿

五十一年清明前二日大雨雪平地深二尺許無麥米價騰貴每斗五錢道殣相望知縣王千驥發倉穀平糶 同上

五十三年六月初旬大雨如注凡三晝夜平地水深丈餘蛟出無算山崩如鑿 同上

是年六月六日磯山半庵地忽裂水涓涓流僧急趨山頂

避之須臾雨蛟出平地水深數丈庵崩瓦礫無存都昌縣志

五十七年二月三日大雨雹有徑四五寸者自隘至郡城三十餘里菜麥幾盡查志稿

是年貢生黃映台家有雉來巢都昌縣志

五十八年安義縣蛟水陡漲漂沒廬舍場圃人畜溺者無算縣志新增

六十年木冰都昌縣志

嘉慶元年大凍安義縣志

二年有年都昌縣志

七年大旱同上

十一年大旱次年復旱安義縣志

十二年四五月間郡城大疫上鄉多痢查志稿

十三年有鹿入城都昌縣志

十九年正月大凍樹木多折秋大旱同上

二十二年七月初旬大風雨寒甚有衣裘附火者查志稿

二十五年大旱各縣志

道光元年大有年二年有年三年大水都昌縣志

三年三月大風山中拱把松株連根拔起民間門扇有吹去數十步外者河内民船及糧艘漂沒無算是年五月大

水星子縣志

五年正月大雪二月十八日大風屋瓦皆震都昌縣志

是年饑安義縣志

十年大饑次年復饑民掘白土剝樹皮食之道殣相望同上

十一年春蟲食油菜大麥米穀騰貴湖草根名半年糧者掘食殆盡星子縣志

是年大水五月連日大雨建昌東門外壽樟菴地忽坼裂水溢不止城內驟漲菴化爲深潭都建二志

十二年大水安義縣志

十五年大旱自五月至八月不雨民大飢星子縣志

是年夏建昌安義皆苦旱蝗建昌境內復多虎至白晝噬人逾年始遁迹建安二志

十六年大有年星子縣志

是年建昌縣蝗次年更甚邑令鈕士元率民捕治六月有黑翼白腹之鳥翔集成羣啄而食之蝗漸消滅縣志

二十一年十月大雪木冰星子縣志

二十二年七月有白氣長丈餘日落即見於西方四十餘日始沒同上

二十四年大水九月五老峯下石巖崩墜有聲如雷遠近

鶩駭同上

二十六年大旱安義縣志

三十八年大水廬山蛟出無數沖倒五乳寺連寺中僧人

漂去星子縣志

二十九年四月下旬大雨彌月平地水深丈餘沖倒房屋

無數同上

咸豐元年虎入城傷人乇狗踰東門城牆入城傷猪犬同

上

是年三月建昌縣甘泉鄉王佐菴培園墅中桂花結子縣

志

元二兩年廬山有野猪晝藏夜出山薯玉米無所不食人至之輒被傷四境咸受其害每值秋成鳴鑼防守達旦乃已星子縣志

三年五月五日申時有虹見於南方東起左蠡西止蓼花池同上

是年六月大水雨七日夜不止禾僵生芽冬桃李華樟樹結實如梨安義縣志

六年正月大雪沍寒夏大旱同上

七年九月飛蝗食稼次年蝗蝻生參四縣志

八年五月大水城內水深丈餘圩堤潰決殆盡建昌縣志

十年豐安鄉周坊村蔡氏祖堂側有木連理同上

十一年歲暮大雪盈丈樹枝皆墮河冰合通人行參四縣志

同治元年秋疫死者數千人安義縣志

二年西山出蛟無算山石皆崩同上

三年文廟靈芝生同上

七年閏四月十八日雨豆同上

八年夏有火自西南流西北形如匹練餘光經時乃沒同上

九年正月朔有蛇百餘聚於南門河皆昂其首水沸有聲

同上

是年二月豺入縣城自咸豐十一年後邑境時有豺患至城隍祠前噬人而去 同上

是年冬廬山大崖崩壓斃樵者二人 星子縣志

附耆壽

星子縣

河村黨民蕭天義妻余氏年一百有三歲 查志稿

栖楊黨干先俟妻李氏年一百有一歲道光十八年呈請詳題在案 省局抄發

【同治】星子縣志

（清）藍煦、徐鳴皋修　（清）曹徵甲等纂

清同治十年（1871）刻本

祥異

休徵

唐貞元間白鹿見於廬山李渤飼以自娛今書院鹿眠場其遺跡也

宋大中祥符六年癸丑廬山崇聖院生芝九本

明宏治元年甲寅廬山生芝一本十餘莖

宏治間白鹿洞山產芝七十餘本是年十三郡士業洞者薦四十餘人

萬歴十九年辛卯儒學監文昌閣有雉毛羽似鸞飛集閣傍槐樹

鵲巢內經日始去

二十一年癸巳知府田琯創改學文廟正月望日雙雉飛集廟中

皇清河村坂民蕭天義妻余氏年四十而夫故氏係隆慶庚午生

至康熙壬子已逾百歲

嘉慶二十三年戊寅大有年

道光元年辛巳大有年接年大稔

咎徵

晉咸和四年己丑廬山西大崖崩其年冬郭默殺征南大將軍劉

眚

宋雍熙二年乙酉大雨雪江冰可勝重載

宋太宗二十年乙未大旱不雨至九月

十八年乙巳又大旱

開禧元年乙丑大旱

明宏治十七年甲子六月廬山忽有聲隆隆鳴三日後天驟風震

電晦冥大雨如注平地水高丈餘蛟出無算

正德十年乙亥八月初一日食昏晦如夜星辰盡見

嘉靖元年壬午大水舟行入市

二十三年甲辰大旱至秋七月兩斗米七錢人民半死盜賊四起撫案行府縣賑饑民皆匍匐就食死者相枕籍

二十九年庚戌廬山五老峰出蛟無算山崩若鑿

三十年辛亥廬山南北虎橫行有獸似虎毛被體一日而噬十七人

萬歷二年甲戌七月朔大風雨揚沙走石平地水深丈餘漂沒田廬無算

五年丁丑二月火延燒居民廬舍數百家

十六年戊子大旱人民饑疫升米一錢二分死者枕籍載道

十八年庚寅大旱疫

二十年壬辰二月西南鄉大雨雹如鴨子屋瓦皆飛晝晦如夜咫尺莫辨

二十八年庚戌二月初四日地震房屋盡皆搖動

四十年壬子連年大水

皇清順治三年丙戌大旱無秋

四年丁亥水災無麥斗米七錢凡三閏月

康熙七年戊申六月十七夜地震七月大雨平地水起丈餘廬山蛟出無算高巖崩者以百計衝倒慧日寺漂沒僧人三口破壞近山田地山塘淹死男婦六口

九年庚戌冬大雨雪寒凝異常江水凍合途無人行者數日上鄉一帶多虎患至癸丑年始移去

十年辛亥大旱五月至十一月不雨米價湧貴升米至一錢五分入民多餓死次年壬子四月麥熟米價始減

十一年壬子七月十五酉時分有物過空照室通紅其聲如雷殷不知其終

乾隆五十年乙巳大旱斗米四百八十文湖地有草名半年糧民掘食殆盡路多餓莩有鬻子高閣起磨子磨平齒之謠臘月下旬上鄉每薄暮東南方火光燭天亘十餘里居民駭告以爲兵且至爭避山谷中除夕亦多盡室出走者

五十一年丙午清明前日大雨雪平地深二尺許無麥米價騰貴每斗五錢道殣相望知縣王千驥發倉穀平糶

五十三年戊申六月初旬大雨如注凡三晝夜平地水深丈餘蛟出無算山崩如鑿

五十七年壬子二月三日大雨雹有徑四五寸者自隘口至郡城三十餘里菜麥殘盡

嘉慶十二年丁卯四五月間郡城大疫先是城隍廟僧夢廟神告曰天符且至當館於此供張悉如欽差儀汝可移我像於甘

露菴僧恐不敢言已而城中一帶痢疾大作病者譫語如僧夢衆悚懼因圖三頭六臂像於廟祀之一日命城守輟鼓角都司勿聽其妻暴病又命借欽差輿出巡縣令勿與家人亦暴病衆悚甚官民奔走香火塡衢巷有人僵仆呼號移時始甦言神駕過偶未起受杖四十臀皆青腫是歲上鄉亦多痢疫神頗相類十月天忽紅沙蔽遮日色赤如晚霞照見人物草木皆紅竟日始沒

二十二年丁丑七月初旬大風雨寒甚有衣裘附火者

二十五年庚辰秋大旱

道光三年癸未三月大風山中拱把松株連根拔起民間門扇有吹去數十步外者河內民船及糧艘漂沒無算是年五月大水

十五年大旱自五月至八月不雨民大饑斗米四錢百姓挖草根剝樹皮爲食次年麥熟民困稍甦

十六年大有年

道光十一年春虫食油菜大麥夏大水米穀騰貴斗米六百文

湖草根俗名牛年糧掘取殆盡道殣相望

二十一年十月大雪木氷

二十二年七月有白氣長丈餘日落卽見於西方四十餘日始沒

二十四年大水九月五老峰下石巖崩墜有聲如雷遠近聞之無不驚駭

二十八年大水廬山蛟出無數沖倒五乳寺連寺中僧人瀉去

二十九年四月下旬大雨彌月平地水深丈餘沖倒房屋無數

咸豐元年虎入城傷人毛狗踰東門城牆入城傷猪犬

二年壬子三月大雨雹大如巨塼重者十餘斤擊傷人畜屋宇無數廬山下一帶菜麥皆盡

咸豐元二年廬山上有野猪輕者五六十觔重者三四百觔晝則藏夜則出山薯玉米靡所不食山人深受其害莫能制也自後漸至山下徧及四境穀菽芋薯所至一空人拒之輙傷人

每歲秋成之際夜間鳴鑼防守達旦乃已人甚苦之
三年五月五日申刻有虹見於南方東起左纛西止蓼花池
口沙山後十日賊匪撲城官民大遭擄掠焚燬
七年九月飛蝗蔽天食秋苗連葉皆盡遺孽於地次年復生
知縣黃應黼率民捕之愈捕愈甚至四月中旬天忽大雷雨
一夜而滅
十一年辛酉十二月二十六日大雪連下五日至三十日止平
地雪深七八尺及丈餘不等小屋封門人不能出凍死野鳥

野獸無算數百年大樟樹俱凍死田地菜麥一空次年二月

平地猶有冰存

同治九年冬月廬山石崖崩壓死採樵者二人

【康熙】都昌縣志

（清）曾王孫修　（清）徐孟深等纂

清康熙二十五年（1686）刻三十三年（1694）補刻本

災祥

明成化十三年大旱

成化二十三年大旱

正德七年旱民大饑疫米價騰甚

正德十年八月初一日食昏暗如夜星辰晝見

嘉靖二十三年五月大旱至秋七月雨斗米一錢人民半死盜賊四起兩院命府縣賑之餓殍趁食者枕藉溝中

嘉靖三十七年正月靈芝之產於生員王堯臣家是歲堯臣舉於鄉官博典知縣

嘉靖四十二年五月人民饑疫

萬曆三年癸未冬文廟灾

萬曆十年甲申知縣王天第重建柴棚御碑亭先日掘地三尺許得一巨蠏旁有小井蠏也放湖去而小井遂乾及上梁有鯉魚從空中飛下

萬曆十六年大旱饑疫米價騰甚

萬曆十七年復大旱饑疫斗米一錢二分死者枕籍在道甚有剝樹根草以苟延者縣行賑濟民稍賴甦

萬曆三十二年旱米價騰甚

萬曆三十六年大水入城淹沒縣前屋宇內十餘日人
民架木以渡
萬曆三十七年大水復入城
萬曆三十八年二月初四夜地震房舍盡皆動搖
崇禎六年自五月至九月一百一十日不雨大旱米價
騰甚
皇清紀異
順治丙戌年大旱自四月至十月不雨大饑丁亥春斗
米七錢凡三閱月

康熙戊申年七月十七日戌時分地動房屋有聲民皆驚駭移時乃定

康熙庚戌年冬大雨雪寒凝異常江水凍合途無人行者數日

康熙辛亥年大旱五月至十一月不雨米價湧貴斗米一錢五分民多饑死王子春劉[illegible]司親臨賑濟民賴以甦四月麥熟米價始減

康熙壬子年四月十五卯時分有物如虹長數十丈許大如桶色赤如火群星護之從東北[illegible]於西南其聲

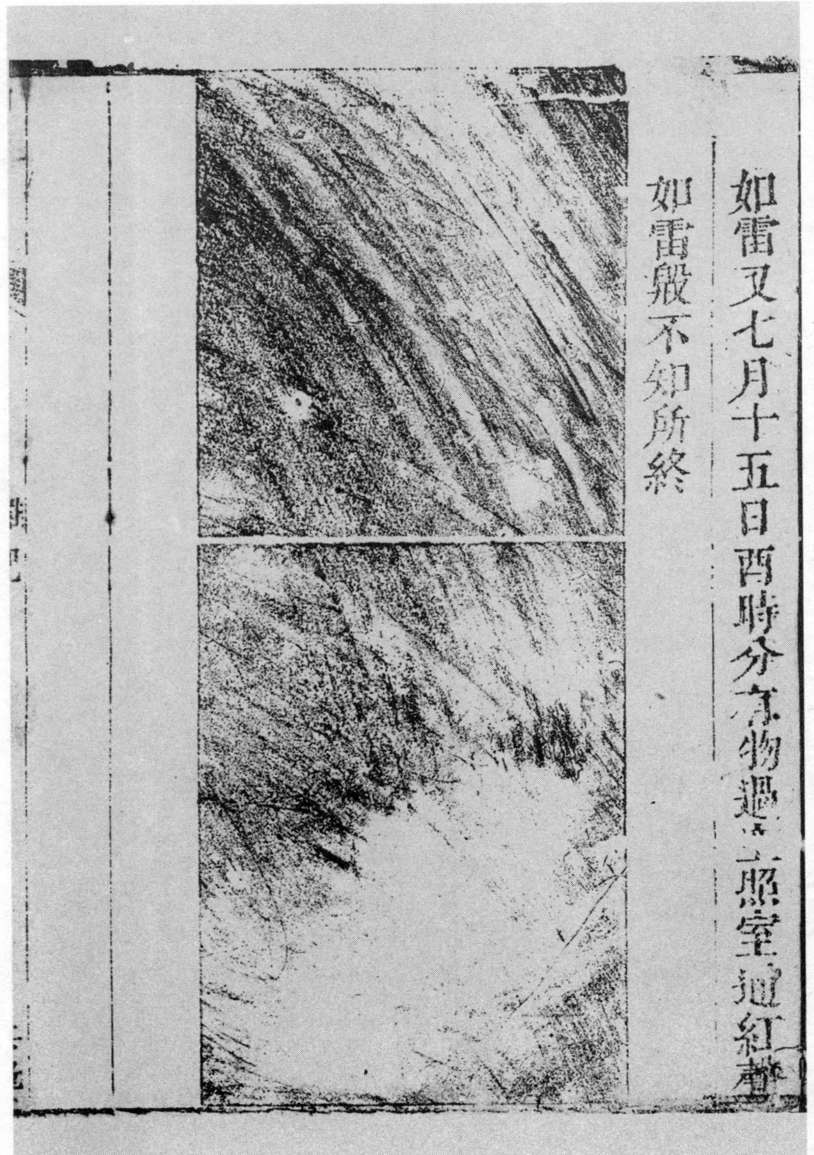
如雷又七月十五日酉時分有物過天照室通紅聲

如雷殷不知所終

（清）狄學耕修　（清）劉庭輝、黄昌藩纂

【同治】都昌縣志

清同治十一年（1872）刻本

祥異

三國吳

黃武三年饑時縣隸鄱陽郡據省志補

唐

武后長壽元年大旱民多殍亡

元和十一年秋大水時隸饒州據綱目補

宋

雍熙二年冬大雨雪江水凍合可勝重載

紹興四年水

二十五年赤龍横水中如山寒風怒濤覆舟數十艘溺水死

孝宗

二十七年大水俱據豫章書補

乾道七年大旱首種不入

淳熙七年旱俱據朱子奏狀補

紹熙四年水

慶元六年大水

開禧二年旱俱采豫章書補

元

大德元年夏五月水

七年夏五月饑俱采豫章書補

天歷二年歲大祲

至正四年旱皆據陶公北廟碑補

十八年星隕於鄱陽湖如帚采省志補

明

宣德八年大水采省志補

成化十年大水舟通街市

十三年大旱

二十三年大旱

宏治四年六月雨雹

十四年大水

正德元年大水

七年壬申旱民大饑疫米價騰甚

八年冬彭蠡湖氷合可通行人

十年秋八月朔日食晦如夜星晝見省志湖口志皆作九年

十五年夏雨連綿江湖漲溢沿湖稻苗多淹没據王守仁自劾水灾疏補

嘉靖元年夏五月大水饑

五年大旱

六年大水

十二年夏四月大水

十八年大水禾稼盡没

二十三年夏五月大旱至秋七月乃雨米價甚昂人民半死

盜賊四起府縣行賑匍匐就食者枕籍溝中

二十四年復大旱七月雨雹

三十五年旱

三十七年正月靈芝產於生員王堯臣家

四十一年大水縣城多傾圮據舊志萬浩記補

四十二年夏饑疫

萬歷元年四月朔日有食之旣晝晦

十年知縣王天策重建柴棚御亭先日掘地三尺許得一巨

蟒傍有小井蟒出放湖去而井遂乾及上梁有鯉魚自空

飛下

十一年舊志誤系三年冬文廟災

十六年大旱疫米價騰甚

十七年復大饑疫斗米一錢二分死者枕籍於道有它樹皮草根以苟延者縣行賑濟民賴以甦

二十二年旱

三十六年大水入城淹沒縣前屏墻市人都架木爲筏以通往來

三十七年大水復入城

三十八年二月初四夜地震

四十一年大水
天啟二年正月大雪四十日禽獸多凍僵餓死
三年七月熒惑入守斗口九月乃退八月太白八月蝕十二
月太白晝東見
崇禎元年九月二十九日暴寒湖魚多被凍僵
四年七月十八月地震九月十六日天鼓鳴十月十六日又
地震從省志補
六年自五月至九月不雨大旱饑米價昂貴
七年春三月地震
九年大旱饑米價騰昔

十年春大饑十月朔日食既晝晦二時雞犬奔吠
十四年疫疾流染甚者滅門九月朔日食既晝晦雞棲
十六年大旱溪澗皆枯
國朝
順治元年甘露降
三年大旱自四月至十月不雨饑
四年春大饑斗米七錢僵仆藉道流亡滿目夏大水行舟達
於街衢秋大有年
六年正月十一日晝晦如夜咫尺無睹
九年三月地震有聲夏大旱

十六年夏大旱

十八年大水

康熙元年旱

二年秋冬大水舟達治廳

三年冬十月彗星見於西方

七年三月十一日晝晦如夜大風拔木發屋顛仆行人七月

十七日省志湖口志系六月地動有聲

八年十月二十日大雨雹雷電數日

九年冬大雪數十日湖水凍合路無行人

十年大旱自五月至十一月不雨米價騰甚

十一年春大饑賴賑以濟夏大有麥四月十五卯時有物如蛟長數十丈大如桶色赤如火羣星護之從東北沒於西南其聲如雷七月十五日酉時有物過空照室通紅聲如雷殷

二十一年水漲入城寺前塘屈家河等處共崩城垣八十八丈五尺

四十四年候選同知余顯微家產芝

四十五年旱

雍正三年大有年

四年夏大水至冬乃退十二月十七日地震

五年又三月初七日大雪秧種俱壞穀價湧貴

六年大有年

八年有年

九年大有年

十三年旱

乾隆元年夏大風雨拔木原潭地方廬舍多遭倒壓

三年黃金鄉虎傷人聞於官本府守董文偉親領卒獵夫搜

山捕之

七年秋七月大水

八年霪雨害稼

十年夏六月地大震

十二年夏大旱

十六年有年

二十年秋七月蝝害稼北鄉爲甚冬雨木氷

二十一年大水自二月至於七月斗米三錢

二十九年大水

三十一年大水

三十六年秋冬大旱塘堰俱乾涸居民多私淘井以取水

四十六年旱秋七月大雨雹小者如卵大者如瓜壞民居熟
禾遭傷古木多折

四十八年大水

四十九年有鹿入泮池又大水入城

五十年夏大旱本年冬及明年春大荒米每石四兩有奇

五十三年大水入城自六月至八月屏墻內架木渡人六月

六日磯山半庵地忽裂水涓涓流僧恐急趨山頂避之須

臾雨蛟出平地水深數丈庵崩瓦礫無存

五十六年大有

五十七年三月初四日大雨雹害稼五月大水秋冬平地多

虎傷人城內貢生黃映台家有雉來巢

五十八年春霪雨連月傷麥米貴四月大水至九月

十五年大旱除近河田畝外顆粒無收幸鄰省米穀輳集糧
價尚不甚昂
二十年大雪湖水凍合可勝重載
二十一年大旱冬十一月木冰
二十八年大水米價騰甚
二十九年復大水沿河居民房屋俱淹沒水灾至此爲極
咸豐元年三月初十日天雨雹大如雞卵菜麥俱被損壞無收
二年秋冬之際數月不雨水泉涸竭居民或往數里外港潭
尋水取汲
五年十月各處池塘忽然水涌有聲兼地震

六年大旱

十一年夏四月雷雨彌月數十處出蛟歲杪大雪木冰水凍

舟楫不通

同治二年大雪平地深四五尺匝月始消

三年夏六月旱

四年十一月大雪湖水凍合路無行人樹枝盡折鳥獸有被

凍僵死者

七年有年

八年大水入城衙署前駕筏渡人

九年天雨雹春夏之交米價騰甚復大水

五十九年大有年

六十年木冰

嘉慶元年正月地凍菜麥多被傷損

二年有年

三年九月雹害稼十二月雨木冰樹木多被圯折

五年大有年

七年大旱自六月至十二月不雨饑且饉農民掘草根食

十三年大水有鹿入城

十五年大有年

十八年夏大水

十九年正月初大凍樹木多折秋大旱

二十一年二月大雪平地深數尺夏大雨彌月

二十五年大旱

道光元年大有年

二年有年

三年大水

五年正月大雪二月十八日大風屋瓦皆震

十一年大水

十二年夏大旱蕨根槽皮食盡民多殍亡

十四年夏大水退遬晚稻極熟年稱大有

按祥異一條舊志亦有缺漏茲凡在康熙二十年以前注明采某書據某記補者均係劉稿確有旁徵補舊志所未備也其自康熙四十四年至嘉慶六年則本劉稿與癸未志參稽互證以次備登嗣是廿餘年間他無所考自當照癸未志全錄付刊惟其中附入年登百歲之壽民壽婦及五世同堂等業經請旌之案似爲攙不於偏遍查他志從無此例謹爲更正將此項人瑞另歸入耆壽並壽婦各條內蓋事有輕重宜各以類從也至以後道光四年迄同治九年所記灾祥皆本之睹聞兼資眾說詳細彙增稍有譌悞槪從刪削並未敢任意牽涉耳

【同治】建昌縣志

（清）陳惟清修　（清）閔芳言、王士彬纂

清同治十年（1871）刻本

祥異 耆壽附

休咎乘除雖由運會而感天以實必有轉災成祥之理如歷來水旱及蝗災虎害或米粟之價騰涌飢色餓殍載途或緣災甚憂深人知早豫既而公廩發粟官糜口餔由是災而不害可見實事之爲感召蓋愈屯而偕泰也至於黄髮鮐耋壽躋百年元曾雲礽堂集五世乃熙朝之人瑞善家之餘慶均有足紀者爰備列如左志祥異

漢

元和三年海昏縣出明珠大如雞子圍四寸八分今去縣東一十五里青樹灣一名珠溪

晉

太康元年龍見七里汀立祠祀之禱雨輒應

唐

顯慶四年白烏集

龍朔二年慶雲見

大歷五年有仙鶴來巢大果寺樹宋元祐間賜額曰鶴林

　壽山大果慧慶禪寺

宋

嘉定十七年夏五月大水圮民廬城郭害稼

元

至治二年大水山崩

明

洪武元年西河出蛟水暴溢詔使賑之

永樂十年夏澇漂沒民舍雀撫䘏

永樂十三年夏水壞廬舍沒禾稼雀撫䘏

洪熙元年夏水傷稼蠲租

宣德八年水災巡撫奏蠲租巡按奏免坐派竹木顔料俟

豐稔徵輸

正統五年初夏縣雨六月亢旱布政司以聞命戶部撫䘏

正統十二年水災民饑巡按奏允賑濟

景泰二年熊崇昌宅東有木連理

景泰五年六月十五日至十八日甘露降七月二十一日

至二十五日再降於儒學明倫堂庭徑西偏之松上枝

葉凝結見日不晞

景泰七年夏秋久旱巡撫奏免秋糧從之

天順四年饑免秋糧

成化元年旱減糧三分

成化七年雨木冰

成化十八年白晝龍起於泮池見張元貞儒學泮橋記

弘治六年大水免秋糧有差

弘治七年大水

弘治九年大水改折南京倉米

弘治十四年文廟正殿西北角產五色芝

正德七年旱民大饑疫米價騰甚

嘉靖元年五月至八月大水舟航入市漂民舍不計其數

九月地震是年免起運米

嘉靖九年十一月西門外儒學前失火延燒數十家

嘉靖十一年四月大蝗蔽日

嘉靖十二年二月至五月淫雨六月至八月亢旱民大饑

府縣出粟賑

嘉靖二十三年大旱人半死撫按命府縣賑之是年九月

十三日夜縣南街火延燒數百家

嘉靖四十二年春大疫

嘉靖四十四年改折兑米

隆慶元年八月訛言選宮女民間一時婚嫁殆盡

隆慶二年饑巡撫奏免秋糧改折南京倉米

萬曆二年二月雨藍色

萬曆十四年有巨蛇一角六足如雞距不噬人蛇六足者
名肥遺見則千里內大旱後果驗

萬曆十七年春夏大旱饑疫永豐鄉大雹傷稼

萬曆十八年旱疫斗米一錢二分死者枕籍載道

萬曆十九年二月儒學桂花結子

萬曆三十四年冬日中橋火災

萬曆三十五年海鳥長丈餘集於胥遠鄉之驩湖見雞犬
之類輒圖吞之鄉民以弧矢射之弗中以金鼓御之弗
動月餘乃去

萬曆二十七年大水入城淹沒縣堂四十餘日巡撫衛公承芳奏改折兑米并發粟賑之布政使陸公長庚丁公繼嗣議免長河漁禁以予災民又巡按顧公造奏請蠲卹

萬曆三十八年二月初四夜地震房舍動搖

萬曆四十二年饑縣令郭公學義於師姑倉發穀賑濟倉址今爲新儒學

國朝

順治三年五月大旱秋後乃雨九月地震

順治四年丁亥歲大祲米石銀七兩道殣相望

順治五年大羅兵變婦女顛踣奔避俘去者無算

順治六年雞有角訛言興人間惑於禨祥飯僧作齋醮會禳之

順治九年三月日亭午有虹尋丈落湄湖東小池五色[illegible]然聚觀如堵經日始散

康熙元年河冰

康熙二年旱災徵七免三

康熙三年旱災徵九免一所免設流抵法實完卯除均沾實惠是年高陂石嘴頭山有聲如吼又山木自動

康熙十一年以大旱徵七免三

雍正乾隆嘉慶間事馬志遺漏無考

道光辛卯年五月連日大雨東門外壽樟巷地忽坼裂水

溢不止城內壢瀰養化為深潭是年　邑侯曾公興仁詳

辦賑濟并捐貲以助災民感悅

道光年間新城鄉河橋村後有連理樹

道光乙未年縣境多虎甚至田野村莊白晝噬人踰年始

遁跡

道光乙未夏旱蝗丙申蝗更甚邑侯鈕公士元諭民捕治

六月忽有黑翼白腹之鳥翔集成羣啄而食之蝗漸消

滅鈕邑侯著有捕蝻紀畧其時捕蝗最出力者有袁緯則

有袁賢明侯嘉其勤勞獎以力行善事匾額捐貲捕

蝗者則有監生袁昱晉監生陳杰廷及

富遙富蓮均以慕義可風匾額贈之

咸豐辛亥年三月甘泉鄉王佑蓍培園塾中桂花結子

咸豐庚申年豐安鄉周坊村蔡氏祖堂側有木連理

咸豐丁巳年飛蝗蔽日集處食禾苗樹葉殆盡邑侯王公
必達諭民捕治又諭民掘土取蝗子踰數月盡滅
咸豐戊午年五月大水城内水深丈餘圩堤潰決殆盡
咸豐辛酉歲暮驟雪盈丈雪後地凍有裂者高樹枝葉墮
落樟連抱者皆枯河冰合而堅可逼車馬

耆壽附

明

淩元玉性敦樸寡言笑躬耕永鄉之樊屯男雲志雲會謙
以儒術爲邑名諸生元玉享年百有一歲生平未入城
市縣令蒲秉權舉行鄉飲酒禮元玉以耆德特首選焉

國朝

張作瑞字集子郡庠生性沈靜善頤養享年百歲司鐸
迴瀾有贈百歲翁詩未錄
熊廷楨字承謨由武生捐衛千總職年七十九歲同堂五
世親見七代嘉慶元年經布政使護理巡撫萬具題蒙
恩准給七葉衍祥扁額時人榮之
朱胡氏鄉賓添璧之妻幼嫻姆教于歸後篝燈紡績伴讀
家計匱厚而有無周卹鄰里多待以舉火者男四幼衣
錦生五歲而添璧亡氏延師督課成名孫鳴鳳玉藻皆
入泮庠曾元林立五世同堂氏以康熙二十三年十一
月生至乾隆四十八年十一月週百歲經撫憲郝學憲
奏題請建坊

貤封太孺人閔蔡氏永豐鄉洲坊蔡㽦梗公女幼失怙恃早
歸凝遠鄉轂墅里爲處士閔宜信公德配公字美友性
剛方素敦信義所至能排難解紛扶弱濟貧閨門嚴肅
與毋相敬如賓早歲食貧毋以勤儉內助甫屆中年家
道小康贏積錢穀稱貸於鄉里然未嘗急責償負屆
屑較錙銖凡公之隱德毋實佐而成之年五十公卒育
丈夫子三長啟祥號和圃太學生能繼先志守道弗改
生孫五長邦鐸次芳言道光癸卯科舉人三邦鍾從九
品四嘉言邑增生五邦鉦曾孫十二長昌漆從九品四
昌泳太學生澗瀾洪俱業儒元孫四長道楠蔭襲雲騎
尉仲子佑祥從九品生孫三邦鎮業儒鎰銓曾孫四季

子盛科早沒繼兄子鍾爲嗣母生於乾隆三十六年辛

卯至咸豐元年辛亥年八十一歲蒙儒學沈龔移請邑侯

張詳請南康府元申詳布政司陸轉申撫部院陸會同

兩江總督恭疏具

題本年奉

旨賞給五世同堂眼觀七代壽婦閔蔡氏綵緞并牌坊銀兩及

七葉衍祥匾額越五歲壽終年八十五芳言蓮誌

周楊氏受安鄉周炳文之妻治家勤儉有丈夫行生子四

長式雲國學生次式從邑庠生三式芃州同職四式彥

邑庠生孫二十四賢滔邑庠生滳泮濬澧嫡俱國學生

澍漢渭維俱從九品曾孫三十一才璽邑庠生餘俱業

儒元孫官才官能均授句讀一門俊秀五世同居歷年九十八歲

戴熊氏凝遠鄉戴泗山之妻年九十二歲生子三長[illegible]五次滙宗幼漢宗孫國楨桂廷貢生茂廷曾孫宣烘宣[illegible]德耀國學生高耀灿耀庠生元孫啟圭啟爊

馬彥士釣七鄉人上自祖父下逮曾元實親見七代同居五世歷年八十七歲咸豐十年蒙學憲單以慶衍雲礽匾額旌之

【康熙】廣信府志

（清）孫世昌纂修

清康熙二十二年（1683）刻本

祥異宋皇祐二年夏六月洚水破城沒官舍湮民居

宋淳祐壬子大水高於城東北隅迤南一帶彌望幾

無晋甍

明永樂乙酉大水溪流暴漲氾濫通衢浮苴棲於木末

瀕河之民遺溺沒者無算

永樂丙申大水

宣德八年大水壞公私廬舍數百家溪谷易處歲大祲

景泰甲戌春大雨雪僅四十日平地深數尺白封山谷民絕樵採多餓殍

成化壬寅年貴溪縣地方雨暴漲壞縣治破民居數百家溺死者無筭秋以澇傷

弘治戊午年三月貴溪縣雨雹形如馬頭一顆重十餘斤鄉北一帶衡十里縱六七十里居民屋瓦盡破

樹木鳥獸俱傷

辛酉年十月雨麥

乙丑年九月十三日夜地震居民房屋皆有聲

正德二年夏四月不雨至于冬十月歲大饑民食薇

蕨

三年十月永豐地方池溢如潮微聲

四年天雨黑子如梧桐子大

五年上饒地方雨雹大如雞卵壞公私廬舍折木殺

禽獸禾稼盡傷秋七月災

六年夏雨黑黍

七年天雨黑子人試種之出葉如戈戟

八年十一月雨雪三十日溪沼冰花宛如樹木之形

九年八月朔日食之既盡晦星見雞犬驚鳴

十五年四月大雨雹以風積地盈尺殺飛禽走獸大木斯拔壞廬舍麥無秧苗入土夏又大水崩崖堙谷大壞田廬民以饑殍鄭岩山水災歌畧云今歲次庚辰六月當

九日雷鼓震天鳴電旗斷日赤風雨驀然來天地都昏黑高嶂起驚濤層巒崩巨石溪石上山浮山石田中積水漲高如山莫討尋與尺低田盡爲溪高地皆成磧或謂起山蛟或云騰蜥蜴突然到吾廬浸沒牆與壁人見亟升木顛婦已無迹小婦牽孤兒登樓梯已失兩弟逐猪牛一去無消息夫妻子母情悠悠竟何極哀哀鴻鴈羣今作魚龍食

十六年元日昧爽有星流於東北赤光如帶横亘不滅者久之六月初九日玉山縣山溪瀑漲勢若滔天漂蕩民居渰沒田土至有舉家沒溺無孑遺者

嘉靖元年五月霪雨連漲比成化壬寅水迹又高三

尺其年仍澇傷無麥禾

嘉靖二年四月玉山縣鄉民各以地土所種大小二麥一莖兩岐者三十餘本送縣時知縣事潘文明廣東潮州人

嘉靖八年大水入城湮沒預備倉及公私廬舍

三十四年春彗見燭于北斗

四十年七月流賊袁山破玉山順流至貴溪時署縣事推官姚篚設備拒塞之十月閩廣流賊從火燒嶺

突入邑南岡湖山焚掠一月分守道楊守脅兵逐之
至弋陽爲叅將戚繼光所滅

四十二年貴溪明倫堂火

萬曆十九年七月上饒永樂鄉水自大横嶺石罅出
瀰漫至楊家店湮没民居二十餘家塞田禾二百餘
畝

三十八年正月弋陽南門驛至西門四牌樓火

四十一年八月朔日貴溪地震有聲

天啓甲子興安縣文廟產紫芝一本

崇禎八年三月初三日上饒冰雹自西北鄉至大如雞卵　太守張應誥有三月行曰三月三日夜三更大風忽起西北城衆竅齊發爭怒吼電光閃爍霹靂驚冰雹紛紛亂抛打山摇地動飛屋瓦大者如拳堅如石無物一當之無完者排戶擊窻莫可避倉遑但知呼天地天心仁愛不移時風霆靜息魂猶悸曉來親踏徧里閈里閈彫殘不忍看最苦旦晚欲栽揷秧化爲泥良可歎茶芽剝落十八九况兼菜麥都烏有

五月初一夜暴雨水自玉山起瀰漫城邑兩日始退鍾靈石橋圮　張應誥有五月行曰三月冰雹良可惡元氣抵今尚蕭索五月十日蛟龍鬬

江串山恣爲虐夜半家家正睡熟驚聞四面人聲哭平地水忽二三尺未及轉眼高于壁更無燈火雨如注夫妻父子何暇顧望誰引手一來援牀跋屋脊或攀樹可憐屋漂樹又倒生死浮沉安可保死者已矣生轉悲一身之外都爲掃十家九家無棲枝千人幾人不啼饑死溺死饑同一死况復徵徭又逼之拊摩賴有使君賢先爲開倉徐請蠲下令催科立停止流離困苦得生全生全還把使君呼父母相看淚欲枯聞道恩赦自天來頑延殘喘待須臾

十一年二月妖僧張普薇聚衆寇鉛山過弋貴界欲抵建昌時撫院解學龍發兵勦平

十三年興安正月雨雪久凍河水盡合人畜皆淩

清順治四年大旱米價至八兩一石民採山中石粉和米作餅療饑因相傳爲仙粉

十六年夏久不雨至秋七月歲大饑民艱粒食

十八年夏五月至六月久雨霪潦大水淹沒田禾七縣俱澇傷

康熙元年七縣皆旱

二年上饒玉山弋陽三縣旱

三年上饒玉山鉛山弋陽貴溪五縣旱

四年上饒玉山永豐鉛山弋陽五縣旱

五年上饒玉山弋陽三縣旱

六年夏五月霪雨連旬水淹田廬上饒玉山弋陽貴溪興安五縣俱澇傷無麥禾

八年上饒玉山二縣旱

九年上饒玉山貴溪三縣旱每年旱災俱本府知府驗明申報

巡撫部院具

題照例災至九分十分者蠲免本年分應納錢糧十之
三
十年夏五月至秋七月不雨苗盡槁虫食禾稼盡則
食木葉合郡之民採薇拾橡以食至冬蕨橡亦盡民
益無所得食轉于溝壑者纍纍是年饑九各府皆大
旱至次年春
巡撫董公衛國首倡捐賑于是司道府廳縣等各捐
俸有差分發賑撫廣信一府共發銀二千兩米一千

石檄知府高夢說親詣各縣給散人沾實惠

董公又特疏

題請發常平倉穀賑饑

天子可其奏將廣信府積穀并本府捐穀共七千六百三十三石分賑饑民人給八斗賴以全活

十一年六月二十三日上饒靈山崩裂二十餘丈

十一年六月二十四日興安二十都黃山崩裂其聲聞十里

十七年戊午大旱自夏迄秋雨澤不降禾稻無收

十八年巳未旱蝗害稼歲大祲

十九年冬十一月初三夜西方出白氣如練直指東北方本月初六夜長星見光芒數十丈如劍仍指西北經一月始退

二十二年癸亥六月二十日申刻貴溪縣五十一都一圖地方忽天上响聲如砲有白雲一朵墜地有聲復黑氣一道自地上昇視其處有黑石一顆入地三

尺掘取驗看石色黑有斑駁如鍜鍊成嗅如銹鐵氣

【同治】廣信府志

（清）蔣繼洙纂修

清同治十二年（1873）刻本

祥異附

唐

元和七年壬辰夏五月饒撫虔吉信五州暴水豫章書

十五年庚子秋洪吉信等州水同上

按連志永貞七年十五年兩書大水考唐史永貞係順宗年號順宗寢疾踐祚不踰年傳位太子是爲憲宗明年爲元和元年連志訛元和爲永貞今正之

宋

景德四年丁未信州饑豫章書

大中祥符元年戊申冬十二月甘露降上饒縣同上

天禧四年庚申冬十一月上饒縣民王壽園中生芝草三本皆金暈其二連理同上

皇祐二年庚寅夏六月信州水破城沒官舍淹民居通志林志

王安石信州興造記　晉陵張公治信之明年皇祐三年也姦彊帖柔隱詘發舒旣政大行民以寧息夏六月乙亥大水公徙囚於高獄命百隸戒不共有常誅夜漏半水破城滅府寺苞民廬居公趨譙門坐其下敕吏士以桴收其瘵孤老癃與所徙之囚咸得不死丙子水降公從賓佐按行隱度符縣調富民水之所不至者計錢戶七百八十六收佛寺之積財一千一百三十有二不足則前此公所命富民出粟以賙貧民者三十三人自言曰食新矣賙可已

願輸粟直以佐材費七月甲午募人城水之所入垣塞府
之缺考監軍之室立司理之獄營州之西北亢爽之墟以
宅屯駐之師除其故營以時教士刺伐坐作之法故無所
也作驛曰饒陽作宅曰迴車築二亭於南門之外左曰仁
右曰智山水之所附也梁四十有二舟於兩亭之間以通
車徒之道築一亭於州門之左曰宴月吉所以屬賓也凡
爲梁一爲城垣九千尺爲屋八以楹數之得五百五十二
自七月九日卒九月七日爲日五十二爲夫一萬一千四
百二十五中家以下見城郭宮室之完而不知材之所出
無也乃今有之故其經費卒不出縣官之給公所以捄災
見徒之合散而不見役使之及已凡故之所有必具其所
補敗之政如此其賢於世吏遠矣今州縣之灾相屬民未
病灾也且有治灾之政出焉弛舍之不適裒取之不中元
姦宿豪舞手以乘民而民始病病亟矣吏乃更謷然自喜
民相與誹且笑之而不知也吏而不知爲政其重困民多
如此此余所以哀民而閔吏之不學也由是而言則爲公
之民不幸而遇災害其亦庶乎無憾
矣　按據記則皇祐二年疑是三年

建中靖國元年辛巳信州旱豫章書

紹興四年甲寅信州旱通考

九年己未江東西浙東饑斗米千錢信州饑尤甚同上

二十五年乙亥以南安雙蓮花贛州瑞木信州芝草並繪於旗豫章書

乾道二年丙戌饒信二州建寧府饑民嘯聚遣官措置賑濟宋史

四年戊子七月饒信水通考

五年己丑夏饒信州薦饑民多流徙同上

六年庚寅春旱至冬不雨明年人食草實鉛山舊志

九年癸巳五月饒信水圮民居壞圩田通考

淳熙七年庚子信州大旱同上

十年癸卯八月信吉二州水豫章書

按綱鑑宋孝宗改元隆興二乾道九淳熙十六諸志於乾道多作隆興誤

紹熙四年癸丑信州旱通考

五年甲寅信州水豫章書

玉山縣生靈芝玉山舊志

慶元六年庚申五月信州大水漂民廬害稼通考

嘉定二年己巳秋八月己巳信州火燔民廬二百家豫章書

九年丙子五月信饒大水同上

淳熙五年乙巳上饒鉛山蟲食禾穗及松竹葉連志

十二年壬子上饒鉛山大水高於城東北隅幾無畱饒同上

景定四年發米三萬石賑衢信饑宋史

咸淳二年丙寅嚴衢婺台處上饒建寧南劍邵武大水遣使分行賑恤存問除今年田租同上

德祐元年乙亥五月饒信州饑同上

元

大德元年丁酉夏五月鉛山大雨舟行樹杪連志

延祐二年乙卯夏鉛山大雨彌月城郭居民漂沒大半同上

至治三年癸亥春鉛山浹月大水夏大旱知州林興祖虔禱霖雨三日冬螟食麥同上

按舊志大德延祐至治俱編在泰定後今移正

泰定元年甲子春正月信州上饒饑豫章書

致和元年戊辰春二月癸亥信州貢綠毛龜同上

元統元年癸酉五月信州地震同上

至元元年乙亥鉛山冬溫連志

四年戊寅信州路靈山裂豫章書

五年己卯信州雨土同上

至正八年戊子廣豐大水淹沒官民廬舍殆盡

十一年辛卯冬十月信州雨麥綱目貴溪雨黍民取食之綱目

十二年壬辰冬鉛山草木花十三年癸巳蟲起盡食竹木

按通鑑綱目順帝至正十二年壬辰十三年癸巳連志誤

十二爲二十九十三爲三十查至正無二十九三十年今

攷正

明

洪武二年己酉鉛山霪雨四月至於六月

永樂二年甲申夏五月暴風發屋折木

三年乙酉春上饒貴溪大雨溪水暴漲浮苴棲於木末瀕河之民漂流無算是年鉛山大饑斗米三錢典史孫珏設法賑濟

九年辛卯貴溪螟蝗害稼知縣藍森禱於鳴山蝗滅

十四年丙申秋七月鉛山貴溪大水公私廬舍漂蕩殆盡

宣德八年癸丑上饒貴溪永豐大水壞公私廬舍數百溪谷易處歲大祲

景泰六年乙亥貴溪旱荒知府姚堂駐貴溪董勸大姓出粟賑濟

成化二年丙戌府學宮大成殿西柱產金芝之一本金銑學記

八年壬辰永豐春夏旱至芒種無秧水秋霪雨浹旬山水猝發

漂蕩民居西橋衝圮

十三年丁酉春永豐山林生紫芝

十八年壬寅貴溪水暴漲入城浸縣治壞民居數百溺死無算

連志按通志載成化中歲饑上饒饑民搶奪郡以行刼報

參政李蕙議止戮其渠亂隨定

宏治十年丁巳夏五月鉛山地震以上連志

十一年戊午三月貴溪大雨雹形如馬首屋樹鳥獸俱傷豫章書

十三年庚申冬十月廣信雨麥同上

十六年癸亥元日昧爽廣信有星流於東北同上

正德三年戊辰夏旱廣信自四月不雨至於十月通志

廣豐水蕩有聲如潮同上

四年己巳廣信雨黑子如梧實豫章書

連志按鉛山志是年大旱知縣朱幡以不職劾縣丞姬緄擢知縣設警備料丁壯每丁給穀五斗賑之三閱月賑穀二千三百有奇

六年辛未夏廣信雨黑麥子種之葉如戈戟通志

八年癸酉十二月雨雪三十日溪沼冰花宛如樹形同上

九年甲戌八月廣信晝晦星見同上

十三年戊寅貴溪大水義井水溢如沸瀼而後止同上

十五年庚辰夏四月大風雨雹殺飛走拔大木壞廬舍五月又大水豫章書

十六年辛巳六月初九玉山山水暴漲漂沒田廬有舉家被溺者通志

嘉靖元年壬午廣信霪雨豫章書比成化壬寅水迹高五尺無麥禾舊志

貴溪文廟桂產紫芝數本雲氣覆之 連志

二年癸未夏玉山產瑞麥一莖兩岐三十餘本 豫章書

六年丁亥九月弋陽火東隅延燒二千餘家 連志

八年己丑上饒大水入城湮沒豫備倉及公私廬舍 同上

十年辛卯貴溪大饑斗米值數錢 同上

十四年乙未四月大水 豫章書

十九年庚子貴溪永豐興安大饑民掘草根樹皮以食 連志

二十三年甲辰弋陽旱傷稼二十四年復旱

三十九年庚申弋陽西隅火延燒至城隍廟燬民舍數百家

四十年辛酉夏雷擊玉山武安塔七月有袁三之變四月上饒大雹殺菽粟傷牛馬無算

四十二年癸亥貴溪明倫堂火

四十四年乙丑夏弋陽霪雨蛟出水湧平地數尺漂沒田廬

四十五年丙寅貴溪大饑

隆慶三年己巳貴溪大饑

萬歷二年甲戌玉山大旱

三年乙亥夏鉛山晝晦冥如夜移時乃復貴溪弋陽大饑

五年丁丑四月弋陽大水河溢天雨黑子

八年庚辰弋陽麥秀兩岐以上連志

九年辛巳四月大風雹驟雨如注牆屋圮大木斯拔舊志

十六年戊子貴溪永豐興安饑疫連志

十七年已丑貴溪大疫死殍枕籍於路夏五月不雨至於八月

歲大饑同上

十八年庚寅上饒大旱冬霪雨菽麥浥萎同上

十九年辛卯秋七月上饒永樂鄉水自大横嶺石罅出瀰漫至

楊家店湮沒民居淤塞田疇自戊子至今饑疫四年舊志

二十年壬辰秋七月鉛山大水大義橋圮湮沒民居又地震火

災相繼六月當午雨雹如彈子同上

二十五年丁酉夏永豐池水溢有聲洋池亦然連志

二十九年辛丑永豐大雨如注頃刻高丈餘城中亦登樓援屋以避同上

鉛山大雨十日葛水石溪汭川膽井並溢九陽山下二龍飛起雷電交作鰍鱔魚蝦之屬自空中隕落同上

三十一年癸卯秋七月朔貴溪暴風拔木傷穀壞西城樓及學宮五月永豐菊與芙蓉盛開海棠結實大如桃剖食之味如梨中有數核同上

三十二年甲辰冬十一月初九夜地震聲聞數百里舊志

三十七年己酉夏五月貴溪洪水暴漲南鄉沖沒民居五百七十餘家溺死人畜無算壅塞民田六千三百八十餘畝連志

三十八年庚戌正月弋陽南門驛火延至西門四牌樓舊志

四十一年癸丑五月永豐大水八月朔日貴溪地震有聲同上

四十二年甲寅鉛山河口雨赤水連志

四十八年庚申三月初六日弋陽大雹如石毀屋瓦

天啟二年壬戌上饒大水河流衝激浸汩城櫓

崇禎元年戊辰七月十九日上饒洪水滔汜古木盡拔田廬人

畜漂沒禾稼傷

五年壬申弋陽兩月不雨疫癘大作六月二十四日訛傳寇至白晝閉城人民驚竄踰時方定十月二十五日天雨黑麥同上

八年乙亥三月初三日上饒冰雹自西北至大如雞卵五月朔夜暴雨大水自玉山來彌漫城邑鍾靈石橋圮同上

張應詰五月行

三月冰雹良可惡元氣祇今尚蕭索五月一日蛟龍鬬翻江排山恣爲虐夜半家家正睡熟驚聞四面人聲哭平地水忽二三尺未及轉眼高於壁更無燈火雨如注夫妻父子何暇顧望誰引手一來援忙跨屋脊或攀樹可憐屋漂樹又倒生死浮沉安可保死者已矣生轉悲一身之外都爲埽十家九家無棲枝千人幾人不啼飢死溺死飢同一死況復征徭又逼之拊摩賴有使君賢先爲開倉徐請蠲下令催科立停止流離困苦得生全生

全還把使君呼父母相看淚欲枯聞
道恩赦自天來願延殘喘待須臾

崇禎八年乙亥五月玉山霪雨水暴漲高丈餘潰城漂沒內外官私廬舍人民無算西濟石龍玉虹寶慶等橋及新安石堤萬柳石壩一時盡圮連志

九年丙子五月大旱上饒熊入城止林姓屋上斗米三錢有山土如粉飢民取以雜米研為粿食謂之仙粉貴溪大饑北鄉居民廖汝貴糾眾搶奪弋陽正月十九日火延燒三市大無麥禾人民饑饉天降白土為食玉山五月十二日訛傳有兵馬數千百如僧徒者老幼逃竄兒女貨物委棄道路自巳至未始定冬

七月旱斗米三錢同上

十二年己卯六月朔上饒闤闠坊火延燒三百餘家豫章書

十三年庚辰興安正月雨雪久凍河水盡合人畜皆渡永豐雪凍樹木廬舍壓頹人謂之樹冰弋陽夏大旱同上

十四年辛巳二月興安大雨雹同上

十五年壬午三月興安大雨岑山池水湧丈餘人以爲蛟連志

十六年癸未冬十月初九日龍見隨有五彩雲擁護陷橫塘一畝澗深十餘丈通志

國朝

順治三年丙戌大旱豫章書

四年丁亥大旱斗米八錢民採山中石粉和米作餅因相傳爲仙粉舊志

五年戊子興安大水決岑港橋同上

十五年戊戌四月弋陽有黑熊攀樹長丈餘額中白毛一線前足類虎爪後如人腳連志

十六年己亥弋陽夏久不雨至於七月歲大饑同上

十七年庚子上饒縣署楝產靈芝同上

十八年辛丑上饒弋陽夏五月至六月霪雨害稼同上

康熙元年壬寅弋陽旱同上

二年癸卯上饒玉山弋陽旱舊志

三年[illegible]寅上饒玉山鉛山弋陽貴溪旱同上

四年乙巳上饒玉山鉛山弋陽旱同上

五年丙午上饒玉山弋陽旱同上

六年丁未夏五月上饒玉山弋陽霪雨浹旬水淹田廬同上

七年戊申二月十三日永豐雨雹大如升積地尺餘同上

九年庚戌冬十二月上饒弋陽貴溪積雪浹旬深五尺人畜多凍死連志

十年辛亥夏五月至秋七月不雨蟲食禾稼盡則食木葉七邑飢民採蕨拾橡以爲食同上

十一年壬子夏上饒南北鄉產瑞麥一莖兩岐永豐五月至九月不雨連志

十二年癸丑弋陽城隍廟火連志

十三年甲寅弋陽龜峯大殿鐘忽自鳴三日不止時闖賊黃尙志屯據弋陽聞而懼遁餘干授首同上

十七年戊午上饒貴溪大旱無禾同上

十八年已未上饒貴溪旱歲大祲同上

十九年庚申三月弋陽洪水衝城夏旱蝗生興安洪水泛濫岑港往來病涉同上

二十年辛酉弋陽大水鉛山疫

二十五年丙寅四月貴溪大雨三日河水漲溢入城深五尺餘居民漂沒無算南城盡圮是年七邑皆水災

三十一年壬申上饒夏秋亢旱

三十八年己卯五月貴溪大水傷禾稼

四十一年癸未貴溪秋旱鉛山東關火

四十七年戊子秋七月永豐大水

四十九年庚寅上饒十一都地震舊志貴溪閏七月二十二日微雨上清羅塘塘溪蛟水暴漲數丈漂沒民居羅塘尤甚鉛山永豐七月十二日大雨暴漲迄二十二日雨雹大如彈丸

五十年辛卯秋七月十一日鉛山夜半地震有聲

五十一年壬辰上饒貴溪大有年

五十三年甲午夏六月弋陽大水

五十五年丙申弋陽城中火延燒千餘家

五十九年庚子正月永豐雪折樹夏旱貴溪自五月至八月不雨晚禾盡槁

六十年辛丑鉛山弋陽五月至八月不雨

雍正元年癸卯永豐蝗蟲傷稼

六年戊申貴溪夏秋旱

八年庚戌貴溪大有年

九年辛亥六月三十日上饒大雨萬安橋圮

十一年癸丑貴溪南鄉大疫

乾隆二年丁巳二月十八日廣豐雨豆鉛山東關火

按連志沿革志雍正九年巡撫謝旻以吉安屬亦有永豐

奏請改永豐爲廣豐九年前稱廣豐者誤

四年己未營署隙地產靈芝六年復產廣豐牛大疫

五年庚申秋七月貴溪牛疫冬愈甚次年春疫乃漸息

六年辛酉貴溪大有年

八年癸亥正月至五月霪雨害稼歲大歉七邑穀價騰湧饑民掘土採竹實以爲食鉛山五月五日大雷雨山水陡漲知府陳世璿上饒知縣汪文麟鉛山知縣鄭之僑貴溪知縣彭之錦發廩平糶並董勸富民借糶並行詳請旌獎闔郡晏如

九年甲子上饒大旱七月初六夜大水鍾靈靈溪橋俱圮

十一年丙寅正月貴溪大雨雪嚴寒橙橘凍死

十二年丁卯正月貴溪大雨四日河漲水入城及市街米價騰

貴

十四年己巳四月初二日貴溪南鄉大水高數丈溺死男女無算知縣華西植多方賑恤見朱雲駿記

朱雲駿記　乾隆十四年己巳夏四月貴溪西南境水溢自昌平至上清鎮漫衍及安仁界周環百餘里溺死男女若干口漂壞田廬器物無算深山鉅林蛟螭盤鬱雨積泉涌奔逸四出蓄之也厚則其發之也決束之也峻則其入平地也潰不可止加以溪流迅駛頃刻遠逝有溺者輒十不得活一二四境洶懼時邑令華公適在會城報至具白各憲狀星夜返邑境出倉上清發帑經畫親咭被災者覈實卽發賑不少稽死者佐其殮費區別長幼所壞田視沙石崩擊害禾稼多寡其尚可耕植者給以貲論於淵者注籍請蠲租賦屋廬漂沒者有給公於時焦心勞思日夜不遑寧豈家至戶給民免匍匐奔告吏絶中飽閭井相與扶儆扶傷感激慕義公作於上風動於下窮黎有所依歸得

免於死其不幸蓄甚死者淹埋有費不至暴露公之德爲莫大夫災沴流行固所時有況輿區澤國其發無時仰救爲最急倘不及躬親纖悉壞爛之餘生勢不能至訟庭即於附近設所受給强弱男女雜然前陳急遽失序而澤無所措勢必旁假旁假者不肖則在上有發帑之名在下無受賜之實民不幸死於災復不幸死於吏者比比也公形瘁而神逸事迫而慮遠所設施在一鄉而良法美意足爲時則徵以其措民於衽席其所由繫邑人之感慕欲乞纂述者識其詳圖不朽我公有以也庚午春日余赴貴溪諸士夫之招强以纂述公績請余何能言余言何足重公邑士夫請不已乃次顛末以慰其志俾凡長民者脫不幸遇災沴得推行焉而公亦得時時警懼往迹痛定思痛軫恤於平時備豫於未事則余言誠有不容已者若公之行誼學業茲不具著云　採貴溪志補

十六年辛未郡境大饑廣豐四月無麥斗米六錢六月又旱山中薇蕨根採食殆盡玉山貢生王似山捐賑米一千八百餘石畢璋平糶穀數千石畢璥平糶米二千餘

石巡撫鄂給扁褒奬　廣豐王嘉賓平糶米五百餘石貢
生程紹頤平糶穀一千四百石巡撫鄂給扁褒奬又監生
徐有三平糶米四百石巡道和給扁褒奬　與安州同職
藍純捐賑米六十九石平糶穀三百二十五石借給貧民
不取息穀七百石
巡撫鄂給匾褒奬
十八年癸酉廣豐五月至九月不雨井皆涸早晚禾俱傷秋冬
雜藝無收
二十四年己卯廣豐洪水入城壞廬舍歲歉收
二十五年庚辰廣豐大旱
三十年乙酉廣豐八月十四夜月華見是年豐登
三十二年丁亥閏七月十一日上饒鐵山嶺大水出蛟沖沒民

居知府李鉄親加撫恤

三十五至三十七年雨暘時若三載豐登

四十五年庚子夏雨暘時若大有年以上連志

四十九年甲辰大水廣豐城垣壞鉛山焦溪堤壞田廬民畜蕩溺無算

五十年乙巳夏大風毀東門城樓並考棚前石碑坊

五十一年丙午六月鉛山大水橋梁多圮

五十三年戊申五月大水玉山城圮數十丈廣豐水南壞民居

五十五年庚戌冬雨木冰

五十七年壬子秋七月弋陽大水連漲七次西溪橋鷹嘴石俱衝
五十八年癸丑秋七月興安大水橋梁多圮歲歉收
六十年乙卯夏四月大水上饒壞廬舍玉山玉虹橋圮
嘉慶七年壬戌郡屬大旱饑
九年甲子秋七月興安有龍見於白馬潭澍雨傾注歲大熟
十三年戊辰夏五月鉛山大水大義橋圮
十五年庚午廣豐明倫堂正梁生芝大如盤
十六至十八年連歲稔十八年六月初二貴溪大水

十九年甲戌二月玉山大成門火夏四月廣豐雹雨水入城秋雨麥上饒雨黑黍冬十二月鉛山雪花六出

二十二年丁丑玉山文昌閣火

二十五年庚辰郡屬旱

道光元年辛巳大有年

二年壬午有年上饒西坑口地震有聲

三年癸未六月彗星見長丈餘回逆張噶爾叛

玉山縣署生連理芝

七年丁亥彗星見長數尺逆匪趙金龍叛

九年己丑六月有大星自西南流於東北有聲

十年庚寅二月二十五日鉛山石塘火延燒店屋五百十八家

十三年癸巳夏大水廣豐漂沒田廬旋大旱

十四年甲午夏大水旋大旱歲大祲

十五年乙未春夏饑疫秋蝗害稼

十六年丙申上玉廣稔弋貴饑

十七年丁酉弋陽梟背嶺紙廠平地湧血

十八年戊戌除夕雷鳴興安麻車塢地陷

二十一年辛丑廣豐木冰弋陽胡飛元妻某氏一產三男

二十五年乙巳正月初五日長刻鉛山河口鎮天后宮災延燒店屋數百家向午始熄

二十六至二十八年俱有秋

二十九年己酉玉山李前鄰妻周氏一產三男

三十年庚戌秋七月每日晡有白氣見於西北長十餘丈至八月下旬漸沒

咸豐元年辛亥大有年

三年癸丑春夏大水鉛山東洋石橋圮比歲不登竹生米柯樟生梨桃李秋華

四年甲寅廣豐霞坊池水溢貴溪地陷

五年乙卯二月朔弋陽大風拔木十四夜分玉山大雨雹過處屋無完瓦

六年丙辰歲稔七月彗星見

七年丁巳有年六月貴溪大水

八年戊午正月弋陽雨雹如雞卵人畜傷

九年己未六月初八日郡北靈江湖水溢先是連日霪雨至初八巳刻傾盈如注諸山倏裂異地同時裂處水涌出頃刻漲高丈許有物怪類烏犍逐流而逝過處兩岸坍塌田廬湮沒人物

漂流無算時饒廣九南道沈公葆楨駐防郡城委員會同紳士勘明被災確實情形自黃土嶺至靈溪口捐俸賑恤民困以甦

十年庚申二月上饒雨菽及稻菽紅而扁稻黑色如稗

十一年辛酉七月彗星見

同治元年壬戌鉛山貴溪地震

三年甲子正月大雨雪木冰

四年乙丑有年

六年丁卯四月玉山雷震南城門樓十月鉛山地震

七年戊辰三月二十七日玉山大風壞公私廬舍鉛山弋陽貴

溪大水漂蕩無算廣豐明倫堂生芝

八年己巳鉛山濠溪村地震

九年庚午春夏穀貴知府蔣繼洙發廩平糶秋大熟上饒文昌宮產靈芝

廣豐文廟生瑞草長盈尺黃花匝月始萎

十年辛未四月上饒南北鄉先後雨雹傷禾麥損屋瓦五月文昌宮產靈芝廣豐六月旱歉收

十一年壬申正月朔雨雪三月三日廣豐大雨雹重有至數觔者拔木壞屋損麥苗秋有年八月十五暨九月十五夜月華現

按春秋志異不志祥其書有年大有年皆異之也我

朝仁恩洋溢和氣致祥誠有非方隅紀載所能罄然堯水湯旱

盛世不免謹就各縣志所記災祥彙登焉